思维地图

化信息为知识的可视化工具

[美]大卫·海勒 / 著
David Hyerle
周丽萍 / 主译

Visual Tools
for Transforming
Information Into Knowledge

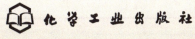

·北京·

内容简介

本书是哈佛教育学院的博士大卫·海勒的作品，是迄今有关将信息转化为知识的可视化工具较为全面、实用的经典之作。

本书前三个章节，分别向读者介绍了可视化工具的理论基础：绘图的隐喻、培养网络型大脑和模式化思维以及运用可视化工具；第四、五、六章，依次介绍了三种基本的可视化工具及其运用——头脑风暴网络图、组织图和概念图；最后两章介绍了海勒创建的包含8种基本图形（圆圈图、气泡图、双泡图、树状图、括号图、流程图、复流程图和桥型图）的思维地图，及其用于英语语言学习、解读教学标准以及全校管理方面的实践，及思维地图在一所特殊教育学校的长期应用中取得的巨大成功。

本书科学严谨、言语幽默但颇具深意，适合致力于思维研究、培训的研究者、教师、管理者阅读，也适合对提升孩子思维感兴趣的家长。

Visual Tools for Transforming Information Into Knowledge, by David Hyerle
ISBN 978-1-4129-2427-6

Copyright © 2011 by Corwin. All rights reserved. Authorized translation from the English language edition published by Corwin.

本书中文简体版通过 Corwin 出版社由 David N. Hyerle 授权化学工业出版社独家出版发行。本书仅限在中国内地（大陆）销售，不得销往中国香港、澳门和台湾地区。未经许可，不得以任何方式复制或抄袭本书的任何部分，违者必究。

北京市版权局著作权登记号：01-2018-7413

图书在版编目（CIP）数据

思维地图：化信息为知识的可视化工具 /（美）大卫·海勒（David Hyerle）著；周丽萍主译. —北京：化学工业出版社，2020.10（2024.10 重印）
书名原文：Visual tools for transforming information into knowledge
ISBN 978-7-122-37441-7

Ⅰ. ①思… Ⅱ. ①大…②周… Ⅲ. ①思维方法–通俗读物 Ⅳ. ① B804-49

中国版本图书馆 CIP 数据核字（2020）第 145582 号

责任编辑：史文晖　　　　　　　　装帧设计：王　婧
责任校对：张雨彤

出版发行：化学工业出版社（北京市东城区青年湖南街 13 号　邮政编码 100011）
印　　装：涿州市般润文化传播有限公司
787mm×1092mm　1/16　印张 15　字数 183 千字　2024 年 10 月北京第 1 版第 4 次印刷

购书咨询：010-64518888　　　　　　售后服务：010-64518899
网　　址：http://www.cip.com.cn
凡购买本书，如有缺损质量问题，本社销售中心负责调换。

定　价：68.00 元　　　　　　　　　　　　　　　　　　版权所有　违者必究

序一

这是本书的第二版,在这一版中,大卫·海勒把可视化工具的概念上升到了新的高度。他用绘图的隐喻开篇,提供了强有力的理论基础。正如地图的出现,曾加快了人类发现新大陆和新人种的速度,让各大陆和各种族之间的联络更加快速、有效;可视化工具的出现,也大大促进了个人接纳新知识并将新知识与原有知识关联的起来的速度和效率。

海勒在书中综述了使用可视化工具的理论基础及相关研究——有一部分研究是我的拙作。确切来说,在《有效的课堂教学》(*Classroom Instruction That Works*,Marzano, Pickering, & Pollock, 2001)一书中,我对大量称之为"非语言表征❶"的研究进行了综述。"非语言表征"这个概念包括了各种教学策略,包括组织图❷(graphic organizers)、思维导图❸(mind maps)等。我综述的这些研究有力地表明,这些策略都是行之有效的教学工具。我在《教学的艺术与科学》(*The Art and Science of Teaching*,Marzano,2007)中综述了常见教学策略相关研究,发现了确定非语言表征效果的更强有力的证据。

大卫·海勒在本书中,则拓展了非语言表征相关策略的边界,远远超越了我与

---

❶ 非语言表征(nonlinguistic representation),通俗地说,人能够以语言的方式把信息作为"记忆里的事实"储存在大脑中,同时也能以"表像"的方式存储信息。后者即被称为"非语言表征"。本书将论述的各种可视化工具,即为非语言表征的工具,也是帮助人们在信息化时代更高效地把信息转化为知识的工具。另,表征是个心理学中的术语,指外部事物在心理活动中的内部再现,它既反映、代表着客观事物,又是心理活动进一步加工的对象。——编者注

❷ 组织图,也译为图形组织器、图形组织者。——编者注

❸ 思维导图,也译为心智图、脑图。——编者注

其他人的尝试。他不仅提出了可视化工具效果的全面理论基础，还将可视化工作的应用拓展到新领域。在下面这份简短的清单中，海勒描述了可视化工具的各种应用：

- 头脑风暴
- 使用可视化工具培养思维习惯
- 使用软件强化非语言性思维
- 协作反思
- 书评
- 创造思维空间（mindscapes）
- 传统的组织图
- 特定领域的组织图
- 将内容分门别类，以帮助记忆
- 过程图（process maps）
- 绘制课程计划
- 系统图（system maps）
- 反馈环（feedback loops）

海勒还阐述了思维地图[1]（thinking maps）应用的五个层面，并提出了用于评价教师个人或学校整体运用可视化工具是否有效的标准。简而言之，本书是迄今有关可视化工具及我所说的非语言表征的最全面、最实用的著作，未来几年定会被视为经典之作。

罗伯特·J. 马扎诺（Robert J. Marzano）

2008 年 3 月

参考文献

Marzano, R. J. (2007). *The art and science of teaching: A comprehensive framework for effective instruction*. Alexandria, VA: Association for Supervision and Curriculum Development.

Marzano, R. J., Pickering, D. J., & Pollock, J. E. (2001). *Classroom instruction that works: Research-based strategies for increasing student achievement*. Alexandria, VA: Association for Supervision and Curriculum Development.

---

[1] 思维地图，由本书作者大卫·海勒发明并推广，国内有译为：八大思维图示法、思路图的。——编者注

序二

本书深植于建构主义理论，在阐述大脑如何运转、人的智力随着时间的推移如何产生和发展、人如何理解意义，以及知识如何构成等问题时，借鉴了哲学和心理学的模型，为教育者们提供这样的洞见：我们如何介入学习过程，如何营造条件来引导、推动和精进人类的智力资源（即我们年轻的学习者们）。

在浏览这本书并准备为其作序时，我想起了其他一些建构主义理论家，他们曾极大地影响了我对学习以及人类认知发展的观点：布鲁纳[1]、皮亚杰[2]、塔巴[3]、萨其曼[4]、费厄斯坦[5]。我也回想起一些建构主义心智模式[6]（mental models），它们是上述理论家们的哲学和心理学研究的基础。最后，我发现自己又回到了杰罗姆·布鲁纳那个引人深思的问题：人何以为人？我慢慢回想，并列举出一些将人与其他生命形式区别开来的独特智能。当逼近我的记忆上限时——大脑同时记住了7（±2）种事物（神奇的数字7呀！），我发现自己不得不把它们写下来，否则定会忘掉些什么。于是，我用图把所想内容呈现了出来（序图1）。

---

[1] 布鲁纳（Jerome Seymour Bruner 1915-2016），美国教育心理学家，是认知心理学的先驱，致力于将心理学原理实践于教育的典型代表，被誉为杜威之后对美国教育影响最大的人。——编者注

[2] 皮亚杰（Jean Piaget，1896-1980），瑞士人，近代最有名的儿童心理学家。他的认知发展理论成为了儿童心理学领域最重要的理论之一。——编者注

[3] 塔巴（Hilda Taba，1902-1967），美国课程学者。——编者注

[4] 萨其曼（Richard Suchman），探究式教学的倡导者与试验者。他曾设计了旨在培养儿童探究技能的探究教学模式，即著名的萨其曼探究训练模式。——编者注

[5] 费厄斯坦（Reuven Feuerstein，1921-2014），以色列教育家、心理学家。——编者注

[6] 心智模式，也称为心智模型，根据美国管理大师彼得·圣吉（Peter M. Senge）的定义，心智模式是指，根深蒂固地存在于人们心中，影响人们如何理解自身、他人、组织和整个世界，以及如何采取行动的诸多假设、成见、逻辑、规则，甚至图像、印象等。——编者注

序图1　人何以为人?

画图时我发现,想法写在纸上时要比在脑海中明晰得多。而且,当我对写下来的内容进行提炼时,脑海中的想法同时也得到了提炼。例如,我发现人的诸多能力,尽管与生俱来,但是出生时并没有得到充分的发展,需要后天强化才能有效激活。

我用了头脑风暴网络图(brainstorming web)来呈现这些特质,这种方式不仅让我发现了这些特质之间的联系,而且揭露了其中重叠、冗余和疏漏的部分。我这里修修、那里改改,让这幅图显得和谐一致。再检视我的图,我很满意自己得到了一个框架,再补充些本书的益处和潜力相关的内容,就可以了。借助这一框架,我开始着手写作。当思绪从头脑中缓缓流出,转化成手指敲下的一个个字母在电脑屏幕上形成一个个单词时,我再次审视我的图并不时调整,在必要时做些整合;当头脑中冒出新想法时,又转化出更多的文字,这些新想法反过来又引发了其他想法。

如你所见,在这本书中,大卫·海勒要赠予读者的是一整套用于探索、强化、完善人类特有的认知能力的工具。我想做的是：

解释支撑着建构主义理论的这些人类特质的含义；

描述大卫先生是如何巧妙地阐述这些特质的；以及阐明这些特质对于那些有心改变的学校（这些学校的教员们决心将他们自己、学生和他们的校园从近一个世纪的简化主义桎梏中解放出来）的重要意义（见序图 2）。

序图 2　前言流程

下面九项人类特质，大约能体现大卫·海勒对本书的一些思考。

1. 元认知（metacognition）　就目前而言，人类是唯一能够反思自己思维过程的生命形式。简单来说，元认知是指，当面临两难选择或挫折时，人会运用元认知资源制定一系列行动计划，并在执行策略时进行监控和反思，最后通过以预定目标是否达成来评价策略的有效性。

本书描述的"思维"可视化工具就是元认知的形式——用图像体现思维过程。

我们知道，在解决问题方面，专家和新手的区别在于习惯性元认知；我们也知道，思考和对思考的讨论会激发更进一步的思考；我们还知道，当学生自言自语、讨论以及与他人交流思考过程、把头脑中关于解决问题的过程清晰地表述出来时，他们的思维和解决问题的能力也会得到强化。

2. 建构抽象概念　人类有一项独一无二的技能——能归纳、提炼海量信息，将原始数据塑造成可用的模型。人们曾经很长时间都无法获取决策所需的信息，那时候数据稀缺、传输耗时长、形式单一，其意义也只是即时的。然而，随着信息时代的到来，人们已能即刻获取大量的、通常并不一致的信息。过去由于缺乏如此海量的多元信息，人们建构抽象概念的智能也许未能得到充分发展，但随着可获取信息量的不断增长，今后，人们将会继续挑战并超越这一能力的上限。

大卫·海勒提供的可视化工具，旨在帮助学习者学习如何组织当今唾手可得的海量信息，发现其中的模式（patterns），并理解、评价信息。

我们早已发现，建构抽象概念的能力是人类生存的先决条件，如果我们希望未来更加硕果累累，那么这一能力还需要进一步提升。因此，聪明的人类仍需不断发展我们归纳、组织、理解、评价（随着技术产生并传输的）过量数据的能力。

3. **在身体外部存储信息**　最近我又在电脑里装了些内存条，真希望大脑也可以这样简单地增加组件！

人类是唯一能够在身体外部存储、组织和检索数据的生命体。这项"人类特质"可能是因为人类祖先的记忆达到了极限而作为一项生存机制产生的。他们需要记忆和传播的信息量越来越大，因此便使用工具来记录和传递头脑中的景象和概念。洞穴的石壁也许是历史上最早的信息存储场所，穴居人在上面留下了他们的标记和石刻。如今，互联网、光盘、博客、电子邮件及一系列手持通信设备，都能够帮助我们实现这种人类特有的功能。

本书实现的也正是这项特质，它提供了以特定方式产生、存储和传达信息的工具，借由这些工具，日后人们可以再回忆起这些信息，并将之转化出来。

由于大脑容量有限，而信息量在不断增加，学生需要学习在大脑以外的地方获取、存储、分类、检索、转换、传达海量信息的策略。

4. **系统思维**　人类具有分辨部分与整体之间关系的独特能力，从而发现了模式、相似性和矛盾性。如一些认知方式理论家所说，如果人对部分或整体的理解是相互独立的认知倾向，那么这种认知方式不足以使人类应对瞬息万变的世界。在动态系统中，些微的输入便会影响整个系统，从而引发巨变。系统思维使人能够理解在整个系统中某个部分的边界以及各关联部分的相互影响和相互作用。

　　本书建议，当需要注意整体同时又要分析各部分是否确实相互依存或相互关联时，可以用可视化工具来引导思维。因为，当系统变化了或系统某部分的创新思维影响到整体时，可视化工具可用来描绘系统如何运转。用绘图来检查众多的流程及相互作用（例如如何决策、如何协调各学科、如何传授新做法、如何制定优先级等），是很得力的。

　　家族系统、天气系统、国民经济系统等都是系统的例子。想要充分参与社会活动或是保护脆弱的环境，公民们必须要认识到，任何系统都与构成系统的各个部分休戚相关，而且各部分之间也相互关联着。当某一部分发生变化时，其他部分也会受影响。只有系统整体协调有序，单个部分才能有效运行。这种保持"部分－整体"关系同时完整的能力，不仅在工作场合不可或缺，而且对于解决环境和社会问题也至关重要。

　　5. 发现问题　　如大家所知，人类是唯一真正喜欢对问题刨根问底、解决问题的生命形式。人总也不满足于当下确定的事物，永远热衷于质疑现状、感知模糊、察觉异常。人类早已发展出非凡的潜能，一旦直觉感知到矛盾所在，便会开展实验探究、设定程序进行测试并寻找替代方案、努力寻求确定性。现代科学思想正是因为人的这种天性才突飞猛进。

　　绘图是展示思维过程及大量多样且复杂的实验步骤的工具。它们展示了知识习得和生成的顺序、可选分支、选择点及路径。这些形成了系统探究和科学调查的基础。思维过程，实际上是最高形式的学习，也是课程变革的最恰当的基线。教过程，我们方能将学习描述为永不间断的过程，而非离开学校就终止之事。通过过程，我们传授的知识便不仅仅只是信息的合成体，而是持续学习的系统。

　　6. 互助学习　　人类是社会性生物，有着无法克制的与他人交往的欲望。最令人难以忍受的惩罚形式，莫过于剥夺人们对人际交往的追求。人最善于在群体中学习。人们的才智，通过与他人的互动交流得以成形：推理论证、解决分歧、积极聆听他人的观点、达成共识并接收反馈。

本书非常推崇互动性，因为可视化工具只有在合作情境中才能得以发展。互动能够帮助学生和教师养成灵活应变的能力——从多种角度观察情形，根据他人的反馈做出改变和调整。这种合作工具的运用，超越个人意识——将"我"的概念拓展到"我们"。当一个人不局限于自我时，便可以进行更高阶的思辨。这样运用思维工具会产生联结感和亲密感，这种联结和亲密源自团结个体、分享以及对共同的目标和价值观的坚持。学生们明白，当"我们"超越"我"，当我成为整体的一部分时，我并没有丧失个性，而是不再以自我为中心。

协同合作、互相扶持不仅在职场文化中至关重要，对家庭、政府机构乃至国家而言，亦是如此。学校要强化学生搁置个人的观念和行为，将精力、物力用于实现集体目标、为共同利益作贡献、寻求合作共治以及善用他人资源的能力。学生们必须逐渐懂得冲突的价值，相信自己有能力通过多种方式处理团队分歧，积极寻求他人反馈，将他人视为宝贵的学习资源。他们必须明白"所有人"比"每个人"更有效率，互相扶持使人类得以进行最完美、最有效的智力活动。

7. 创新　人类有创造力——我们会制造工具。尽管有些其他生命形式也懂得利用工具来完成任务和解决问题，但能够设计和创造新工具的只有人类。

深入来看，人类更多被内在动机驱动，而非外在动机。人们从事某项任务的动力更多源于对审美的挑战，而非物质奖励。人们孜孜不倦地追求着流畅、精美、新颖、简洁、质朴、有工艺感、完美、漂亮、和谐与平衡。

大卫·海勒反对给学生现成的、可直接填写的图表，强调学生有必要创造他们自己的工具，在形成和收集信息、加工信息或从信息中提炼概念关系的过程中不断打磨和完善这些工具，再应用并评价上述归纳过程。他坚信每个人都有热爱创新的天性，而制作可视化工具使这种天赋有了用武之地。

所有人都有能力创造出新颖、原创、灵巧或精妙的产品、办法和技术。我们经常尝试去设想同一个问题的不同解决方案，从多角度审视其他可能性。我们往往会用比喻或类比的方式，将自己投射到不同角色中去，先提出设想，再朝着设想努力，想象着我们就是被审视的事物本身。具有创造力的人们，如果其创造力得到发展，便愿意冒险——他们"游走在能力边缘"，挑战极限。

8. 从经验中汲取意义　托马斯·爱迪生曾说，他从不犯错，他只从经验中学习。人之所以为人，其中一个非常重要的特质便是：人能反思经验并从中学习。聪明人对某个事件会形成其感受和印象，会对比意图和结果，会分析事件为何发展至此，会探寻产生特定效果的因素，会总结自己的认识，最后基于上述分析来评价未来应当如何修正行为。

不过，人的大脑为了迎合自身的目的和偏见，往往会扭曲或删减信息。海勒认为可视化工具能帮我们表达，在于其能图像化地追踪事件中隐藏的步骤。将路径、策略和决策可视化呈现，比仅凭记忆回想更能高效、系统地掌握信息。通过对经验进行图像化的组织架构处理，可以做出更真实、更全面的分析。

独立自主的人会设定个人目标，并自我引导、自我监督、自我修正。因为他们总是在不断尝试、经历，虽经常失败，但也在失败中前进，在情境中学习。任何渴望培养出独立自主之人的学校，必会致力于培养学生不断进行自我分析、自我提升、自我参照、自我评价和自我修正的能力。

9. 改变反应模式　其他生命形式总以某种特定方式来应对环境中的刺激，但人类却是自我实现和自我调整的——我们能有意识地、自主地决定是否以及如何做出反应。我们可以改变习惯，可以从多种反应模式中选择替代方案。我们也许会冲动，但也能做到审慎；如果我们所做的评价比较仓促，我们可以选择保留意见；当我们习惯以自我为中心时，我们仍可以站在非自我的角度考虑问题。这种决策过程需要自觉性和灵活性——注意自己和他人的行为，然后选取反应模式。大卫·海勒提倡运用可视化工具，因为它们能强化反应的自觉性和灵活性。有意识地运用绘图工具，可以使我们克制冲动、搁置评判、制定和考量替代方案，并顾及他人感受。

全面发展的人不会停止学习。如果我们的学生认为教育在毕业那一刻就结束了，那么可以说他们完全没有明白学校教育的重点。不论是对当今还是将来的学生，终身学习都是十分重要的。随着技术进步、工作场所变化和人员流动，我们可能会发现需要不断地学习"如何学习"，改变和提升尚不具备的能力，学习如何摈弃旧模式、掌握新模式。

结尾：

大卫还提出，使用可视化思维工具并不只是"小孩子的玩意儿"。对学校中的成人而言，共同创建并开发这些工具，也有益于促进他们的智力发展。在教学生们设计、生成、运用这些图时，也会令他们对自身的数据生成、存储和检索系统有更进一步的认识。所有教职员工同时成为了所在学习机构的受益人和领导者。他们更能理解"部分－整体"关系，更能将自身的特定行为视为更大整体的一部分，更能明白某部分中的创新/创新性思维将影响整个系统。而整个系统中的所有人，都是持续学习者——关心他人、善于思考，有能力进行复杂的决策且富有创造力。学校生活不仅在于各部门、各年级间的连续性和对可视化工具的应用，还在于整个机构对共通的语言的运用。也许，这种分形[1]特质正是一个有想法的学校独有的特征。

亚瑟·L.科斯塔（Arthur L.Costa）

萨克拉门托州立大学名誉教授

---

[1] 分形，指一个几何形状可分成多个部分，而每一部分的形状均与该几何形状近似或相似，比如花椰菜。此处喻指可视化工具的运用，对个人、对学校整体有着相似的积极作用。——编者注

致谢

20世纪80年代中期,亚瑟·科斯塔博士——当时和现在都是我们这个领域的领军人物——开阔了我的眼界,使我了解到人类思维能力的复杂和优雅。悄然间,亚瑟又为我打开了另外几扇大门,其中之一是1996年促成指导与课程发展协会(ASCD)出版了我的第一本书《建构知识的可视化工具》(Visual Tools for Constructing Knowledge),并向所有协会会员发行。亚瑟在此书的序言中向读者推荐了本书的第一版。他的话语体现了他思想的原创性和见解的普适性、持久性。对他给予的指导,我长怀感激。

这些年来,许多研发可视化工具的人都对我产生了非常深刻的影响。东尼·博赞(Tony Buzan)、加布里埃尔·里科(Gabriel Rico)、南茜·马格里斯(Nancy Margulies)为我们提供了丰富的头脑风暴工具;理查德·辛纳特拉(Richard Sinatra)、吉姆·贝兰卡(Jim Bellanca)、邦妮·布拉斯特(Bonnie Armbruster)贡献了一系列组织图和相关研究;约翰·克拉克(John Clarke)、约瑟夫·诺瓦克(Joseph Novak)和巴里·里士满(Barry Richmond)为我们提供了有关概念图和系统图的语言。这些先行者为我们铺了路,也为当前的知识网络建立了导航图。

这次改版对我而言并不容易,因为我想把他们开创性的作品与一些新的理论、研究和实践综合起来,这些新事物也许会给新一代的工作带来启发。要把这些广泛的研究综合起来并付诸实践,这着实令人十分振奋,但也十分困难,且非常耗时。罗伯特·马扎诺从事这项工作已经数年,感谢他所做的研究,以及将研究成果转化为实践工作的兴趣,还有他在本书序言给我们提出的重点。

本版增加了一些新方法，归功于蒂姆·范·格尔德（Tim Van Gelder）、罗伯·奎登（Rob Quaden）、艾伦·蒂科茨基（Alan Ticotsky）和克里斯汀·伊薇（Christine Ewey），他们分别向我们展示了如何建构推理心智模式、系统思维心智模式，以及将多种形式的信息整合为可视化框架的心智模式。本书最后两个章节得到了四位作家的大力支持，他们都对思维地图的实践提出了新见解，而思维地图的实践和应用长久以来都是我人生历程的重心。非常感谢史蒂芬尼·霍兹曼（Stefanie Holzman）、萨拉·柯蒂斯（Sarah Curtis）、拉里·阿尔帕（Larry Alper）和辛西娅·曼宁（Cynthia Mannin），感谢他们详细、具体地阐述思维地图如何作为一种语言，服务于整个学校的学习和领导。

如果说我从我的可视化工具研究中学到了什么简单的道理，那便是知识的形式（或设计）与知识的内容及创造过程密不可分。与许多教学领域的书籍不同的是，这本书有大量的图表和文本交互的内容，有非常重要的设计要求。感谢柯文出版社（Cowin Press）的编辑哈德逊·佩里戈（HudsonPerigo），感谢莱斯利·布莱克（Lesley Blake）、简·哈内尔（Jane Haenel）和多罗西·霍夫曼（Dorothy Hoffman），使这本书的英文版能够高质量地出版，从而使本书读者，能够清晰地看到可视化工具的形式和功能。

出版方致谢

出版方诚挚地感谢下列评论人员所作的贡献：

— 马克·鲍尔（Mark Bower）
纽约希尔顿中心校区小学教育和员工发展部主管

— 马克·约翰逊（Mark Johnson）
内布拉斯加州卡尼县格林伍德小学校长／课程和评价工作协调人

— 朱迪斯·A. 罗杰斯（Judith A. Rogers，EdD）
亚利桑那州图森联合校区职业学习专家

目 录
CONTENTS

序一（罗伯特·J. 马扎诺）

序二（亚瑟·L. 科斯塔）

致谢

可视化工具概述 / 1

引言　将静态信息转化为活性知识 / 4

失明学生的启示 / 4

就是现在：帮助所有孩子通往成功 / 8

本书概述 / 11

第一章 绘图的隐喻

不同表征系统的认知失调 / 18

房中大象 / 19

绘图的隐喻：未知之地 / 21

为大脑绘图 / 24

用于绘图的可视化工具 / 26

绘图隐喻的基础：看见 / 28

第二章 培养网络型大脑和模式化思维

非语言表征和语言表征 / 32

组织图相关研究 / 36

阅读理解和阅读优先相关研究 / 38

绘制生命系统 / 40

大脑是模式探测器 / 42

视觉主导的大脑 / 43

思维将信息组织成图式 / 45

作为活跃模式的多元智能 / 47

思维习惯 / 48

第三章　运用可视化工具

厘清混乱的术语和工具 / 53

特定内容的可视化工具 / 54

定义可视化工具 / 56

理论内置工具 / 58

可视化工具的类型 / 59

检查你的工具箱 / 60

选择适合的可视化工具 / 62

学生掌握可视化工具的重要性 / 64

节省时间 / 66

通过协作小组建构知识 / 67

超越蓝图、模板和黑线大师 / 69

第四章　提升创造性思维的头脑风暴网络图

信息流和知识流 / 73

用图像思考 / 78

大脑与头脑风暴 / 80

对头脑风暴网络图的误解 / 81

改善思维习惯的网 / 83

制作头脑风暴网络图的软件 / 84

思维导图 / 93

图书概览图 / 95

源自隐喻的心景图 / 97

追求个人成长 / 99

第五章 用于解析任务的组织图

比较组织图与头脑风暴网络图 / 105

培养思维习惯的组织图 / 108

组块、记忆和热衷于组织的大脑 / 110

作为先行组织者的内容组织图 / 114

过程组织图 / 116

全景组织图 / 120

绘制教案 / 122

设计和理解 / 126

第六章 集创造性思维与分析性思维于一体的概念图

思考思维模式本身 / 128

思维习惯和概念图 / 129

当思考变得流行 / 131

诺瓦克和格温的概念图技术 / 134

塔状归纳图 / 138

系统中的反馈和流程 / 143

系统思维 / 148

留下痕迹 / 153

可视化表征的整合：运用可视化单元框架开展教学 / 154

第七章　思维地图：可视化工具的综合语言

思维地图简史 / 161

将思维地图定义为一种语言 / 165

思维地图推行的五个层面 / 171

基于标准的主要认知问题 / 177

从师生到领导者及全校变革 / 187

整个系统的变化 / 194

第八章　思维地图之于特殊教育（辛西娅·曼宁）

LPS 学生：思维地图让我"懂了" / 197

LPS 的背景信息 / 198

通过思维地图培养基本心理过程 / 200

思维地图和高风险测试 / 207

老师和学生们眼中的成功 / 210

思维地图与"现实世界" / 211

结语 / 213

参考文献及延伸阅读 / 215

可视化工具概述

可视化工具是学生、教师和领导者使用的非语言符号系统,它以图示的方式关联心理和情感,用于创建或交流丰富的思维模式。这类针对理解内容的"视觉－空间－文字"表征形式,能支持所有学习者将静态信息转化为活性知识(active knowledge),从而为传统的基于说、写、算的文化能力提供辅助性的表征系统[1]。这些线性和(或)非线性的可视化形式,也是进行学科(content area)内自我评价以及跨学科学习的元认知工具。跨学科学习时,语言学、数学及科学语言时常融于一篇之中。

本书研究的内容,如概述图1所示,可视化工具有三种基本类型,每种都有明确用途和可视化布局:

头脑风暴网络图,用于培养创造力和开阔的思维;

组织图,用于促进分析型内容和流程的具体学习;

概念图,用于培养认知能力和批判性思维。

除此之外的第四种,则是综合了多种可视化工具的一种独特语言,被称为思维地图(Thinking Maps® Hyerle,1990,1996),广泛应用于学校之中。这种可视化工具的通用语言,整合了头脑风暴网络图的创新活力、组织图中有利于内容学习的解析结构,以及概念图促进认知发展和反思的优点。今后,也许会有新的视觉语言发展出来结合不同的可视化工具,使思考、交流和反思的范围更加广阔。

---

[1] 表征系统,根据布鲁诺的理论,表征系统是人们感知世界、认识世界的一套规则。——编者注

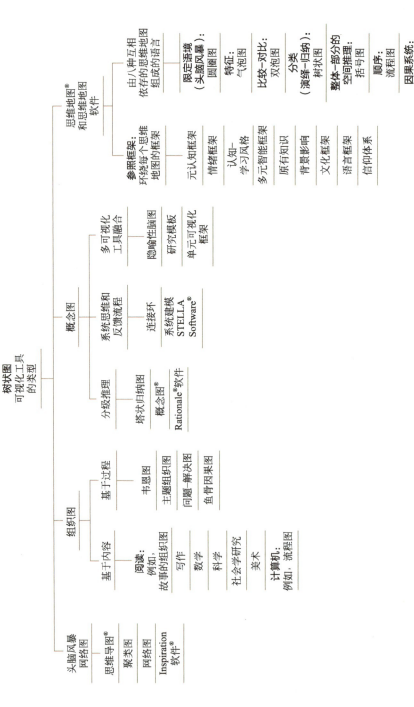

概述图 1 树状图：可视化工具的类型

可视化工具可用于个人、团队的沟通交流和社会交往、意义协商以及观点互联。个人或团队学习者可以通过社交网络和各种媒体，如纸张、白板、电脑显示屏等，来建构图表。这些图表把人们的想法"画了出来"，一目了然且过程自然，因此被人们从幼儿时期一直沿用到成年，并被广泛应用到学习、教学、评价、领导等过程之中。可视化工具的应用，是跨文化和语言的，也许会成为提升参与度和促进交流的关键。可视化语言能跨越传统文化和新兴"虚拟"文化之间的藩篱，未来将会被用来连接相距遥远的各个学习社区，因为学校、社区、职场中的人们以及不同国家的人们，希望通过多种参照框架[1]（frame of reference）了解彼此的想法和观念，以实现相互理解。

---

[1] 参照框架，学者舍瑞夫（Sherif）认为参照框架是一套"控制感知性认识、逻辑评价或社会行为的标准、信仰或假设"。通俗来说，指影响人们将外界的信息符号化、意义化的那些标准、信仰或假设。比如同一个民族的人使用他们的民族语言交流时，共同的文化背景就是一种参照框架。——编者注

引言
将静态信息转化为活性知识

失明学生的启示

本书所描述的可视化工具，与我们多年来司空见惯的方框、椭圆或箭头等图形相比，其内涵更加丰富。这一点，是我在20世纪90年代回访德克萨斯州米申市的一所学校时才明白的。有一段时间，我在这所学校牵头负责可视化工具的实施，用的是自己开发的一套提升思维技能并能直接提高教师教学能力和学生学习成绩的基础性可视化工具语言。

在该校一次前期研讨会上，一位与会人员提出了一个让我很是吃惊的问题。这个问题乍一听像是提问的人在拒绝改变，我们以前也时不时会有这种（被抗拒的）感觉。不过，这个问题其实蛮有深意："这些可视化工具可能适用于大多数学生，但对我的学生来说不适用。"我问道："为什么呢？"她犹豫片刻，柔声说道："他们是盲人。对他们，你怎么应用可视化工具呢？"人群一片沉寂（在那一刻，说"让时间来证明"肯定不是明智之举），我只能回答说，一定把这个问题带回去好好想想。

一个月后我又回到了这里，而那位提问题的老师把答案递给了我：一盘录像带和几张浅黄色的、凹凸不平的纸。然后我得知，她的学生们用盲文机在这种特殊的纸张上生成了可视化工具。我们把录像带塞进播放器，所有的教师都全神贯注地看着，这种令人入迷的情形在研讨会上是很少见的。我们看到，她的一个学生对"可视化"

工具尤其着迷，他用一张圆圈图制作了好几张盲文图，用于生成某个作文题的背景信息，然后又用一张流程图把观点按优先顺序排列好。视频中，这个男孩双手抚过纸张，感受凸出物的空间排列，引导视力健全的同学们讨论图表的运用，还朗读了描述他去沙滩游玩的文章，那是一篇描写得非常优美的文章。这个学生的写作和思维能力都在提升，这个结果让他的老师很是欣喜。当然，他那些"目明"的同学们也同样在用着各种各样的可视化工具：他们看得见这些图案……而他，摸得到。

这位老师让我明白，最好的头脑风暴网络图、组织图、概念图等，都不只是孤立的可视化工具，不同于分发出去填填就好的工作表。这些工具——现在常被称作"非语言表征"（Marzano，Pickering，& Pollock，2001）——可不仅仅是所谓的"教师工具带"上新增的一些工具而已，更是进行严谨学习、高阶系统思维、元认知以及课堂形成性评价的新基础。

在那些最佳案例中，学生在空白页面上创作可视化工具，从而把基于文本的内容信息转化为活性知识。他们将丰富多样的形式——视觉、空间、语言以及数字形式——结合起来运用，为他们的理解创建概念丰富的模型。这样的转化行为，悄无声息地就把学生们从"课本上的基本信息"引向"思维的最高阶"，从"建立具体的内容事实和词汇"直接引向"对概念的抽象理解"，这些是学习任何一门学科知识的基础。我们教育工作者无休止地探求着这样一个问题：在"信息太多""时间太少""对预期结果要求太多"的情况下，我们该关注什么？可视化工具为这种探求提供了第三种路径，带我们穿越诸如"完全对立""截然相反"这样的困境。以下是一些令我们疑惑的二元困境：

要内容，还是要过程？
要事实性信息，还是要概念性知识？

要线性思维，还是要整体思维？

要分析，还是要创新？

要记忆，还是要理解？

要基础知识，还是要高阶思维？

如本书所示，教育者们在实践和研究中发现，这些将信息转化为知识的工具，正在帮助寻求差异化教学、多元智能、思维习惯和高阶思维的各种学习者。最为重要的是，学生们用绘图的方式将信息转化为知识，这与大脑原本的运行方式是一致的。如帕特·沃尔夫（Pat Wolfe）——为从业人员翻译大脑研究相关成果的领军人物——所言："神经学家告诉我们，大脑是用网络和图的形式来组织信息的。"（Wolfe，2004）我们知道，大脑这一有机体，好似分工明确、不断进化、维度众多的动态空间结构，它负责关联、描绘信息。在遍布大脑的回路"地图"中，就存储着信息（参见引言图1）。

最重要的是，大脑也是由视觉主导的。大部分大脑研究者相信，我们环境中约70%的信息是通过眼睛接收的。我们以影像和图片的形式把接收到的信息存储在大脑中，而现在我们的新技术——多数是可视化的——不过是强化了大脑的视觉主导性而已。

可视化绘图通过多种方式很好地再现了大脑的思维过程。高质量的可视化工具主要用于呈现动态模式，将囿于大脑构造之中的概念性知识结构，以蓝图的形式进行外化图形表征。这便是为什么可视化工具是教育领域的突破性工具，而非教师们没完没了、并不协调的"最佳实践"工具带上的又一个工具。显然，在传统教学中，学生在课本上看到的，或在课堂上听老师讲的线性语句，与他们脑中呈现的复杂的视觉-语言-空间图式相去甚远。因此，下面这两者之间存在认知失调：

思维地图：化信息为知识的可视化工具
Visual Tools for Transforming Information Into Knowledge

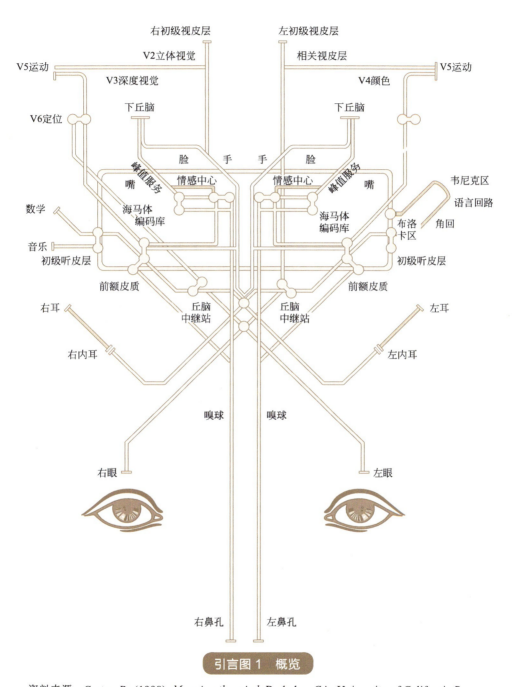

引言图 1　概览

资料来源：Carter, R. (1998). *Mapping the mind*. Berkeley, CA: University of California Press.

大脑自然而然地将信息进行图像化处理时，学生们思维中的内容；

教师讲课、学生在看文本中的一连串线性信息时，课堂上所发生的事情。

当线性处理不能满足某些任务的需求时，在大脑和思维与处理任务时的高智力表现之间，可视化工具是天然的桥梁。正如一位三年级学生提及可视化工具语言的作用时说的那样，"思维地图……如同我心灵的绢纸"（De Pinto Piercy & Hyerle，2004）。心灵的绢纸，不是线性文本，而是图。

如今，我越发坚定地相信：可视化工具能给大多数学习者提供一条最直接的路径，使他们能够展现并交流他们在思考内容词汇和概念性知识❶时那丰富的思维模式。这些工具使得学习远远超越了课堂上常见的对信息的线性表征。这类基于概念理解的线性表征，不过是人类思维整体论肤浅的表层。

就是现在：帮助所有孩子通往成功

本书集合了可视化工具的高效运用方法，对如今我们所处的信息时代而言颇为重要。不过，学校感兴趣的，不只是如何用它们来帮助学生记住信息，而是如何教会学生将信息转化为活性知识。现在的学生是未来知识的创造者和传递者——知识工作者——因此，现在我们就要给他们提供工具，让他们学习如何从信息中建构有意义的知识，而不只是对信息进行机械的重复。

"我们没有教孩子们如何思考"，这一颇具哲学性和政治性的问题，是长久以来激进派和保守派教育人士对公立学校教育工作争论不休的基础性问题。在不同的政治或教育信条的终极目标中，似乎在"培养孩子们的内在能力，使他们能够进行高阶思考"这一点上，并无差异。然而，达成这一目标的"方法"却总是争议不断。

---

❶ 概念性知识，指一类较为抽象概括的、有组织的知识类型，各门学科中的概念、原理、理论都属于这类知识。与之相对的有事实性知识和程序性知识。——编者注

如何为所有学生提供应对这项挑战（进行高阶思考）的方法，目前几乎没有突破性的具体解决方法。本书以及相关研究所记录的可视化工具，现已被证实为一项在教育领域可视为"具体解决方法"的突破性成果：通过可视化呈现，帮助学生进行高阶思考，从而使他们更容易从信息中获取特定内容。

当我们逐渐相信，知识不仅相互关联而且相互依存，便会明白为学生提供这些动态的、新的思维工具的需求多么迫切。这些工具将帮助他们忘记并重新学习我们教过的东西，这样他们便能够建构知识，并有经验和能力去创造新的工具，打造他们自己的世界。

遗憾的是，有些学校试图在短期内让学生成绩突飞猛进，以实现适当年度进步率❶，而与此同时，要完成更高阶的任务时，许多学生受到的教学指导与他们本身的心智水平并不相符。我致力于使用可视化工具来提升低层次学校里学生的高阶思维能力。最近我个人在思维地图公司（Thinking Maps Inc.）的研究以及与非盈利性团体国家城市联盟（National Urban Alliance）在某些项目上的合作，都显示教育工作者可以在标准课程基础上，将"基本课程"与高阶进程（higher-order processes）相结合，让不同文化和语言的学生都能参与进来。

如今，学生能够接触新的技术和沟通工具，随之产生的是人们对高质量"知识工具"的迫切需求。教师、家长、雇主都面临着这些迫切需要解决的问题：现在的学生如何加工和过滤他们从无数媒体终端接收到的海量信息？现在的学生如何熟练运用最新的技术快速创造、改变及传播有意义的知识？这些担忧是切实存在的：现

---

❶ 适当年度进步率，美国政府为提高公立学校教学质量，在 2002 年出台了教育法案《不让一个孩子掉队》(No Child Left Behind，NCLB)。按照法案预定目标，在 2014 年以前，全国所有学生的阅读、数学和科学成绩必须达到熟练水平。为达成这一目标，各州必须根据学生目前的学业总水平，制定一个逐年递进的适当年度进步率（Adequate Yearly Progress，AYP）。——编者注

在，课堂教学或工具很少能够准确地帮助学生过滤、组织并系统地评价原始信息。阅读理解，即传统意义上的阅读文本，对学生来说已经不够了：他们必须利用多种技术费心尽力地处理快速传播、大量涌现的各种形式的数据。同时，他们还必须在极易考砸的资格考试中表现出高水平的思维能力。没有太多其他工具可以提供具体的办法帮助学生将未加工的信息转换为有用的知识形态，使之立即可用且易于传播。也鲜有其他工具，即便学生已熟练掌握，能够在他们今后的一生中，帮助他们处理未知且过量的信息。

而可视化工具在教学上的有效性已经得到证实，教育者要意识到，可视化工具和软件程序已被十分普遍地应用于职场了，全球各地皆是如此。由于创意、信息、库存清单、解决方案等都需要通过操作系统进行传递，为使工作人员和客户之间的沟通更流畅，文档处理和数据库工作表中已加入了用于组织信息的图表软件工具。

"在学生从幼儿园到青少年的成长过程及整个职业生涯中，我们如何把可视化工具教给他们并帮助他们学会运用，从而使他们有能力应对不断出现的变化，继而成为终生学习者？"这一问题促使我们开展了针对可视化工具的调查。本书的预设以及书中已证明的种种，均表明所有学生可以最大限度地运用可视化工具。作为优质的非语言表征形式，很明显，可视化工具从设计上来说实用、有效、充满活力，既有助于协作又以学习者为中心。此外，这些工具都具备理论基础，可以跨学科应用，而且已经成为对学习情况进行评价和自我评价的一部分。我们将通过调查证实，图表语言——远不止简单的头脑风暴活动和做成"可复印习题"的普通组织图——把相互独立的可视化工具合成为丰富、连贯的综合体提供给师生。这些语言，如 Mind Mapping®、STELLA® Systems Thinking、Concept Mapping TM、Rationale® 软件、Thinking Maps®，只要深入运用一段时间，定会给学生的学习成

绩带来显著变化，还能为其思维能力的长远发展提供路径。❶

本书概述

本书综合了我之前的两本作品（在该领域的新研究成果）以及我开发的一种可视化工具语言（思维地图的新应用方法）。在督导与课程开发协会（Association for Supervision and Curriculum Development）出版的《建构知识的可视化工具》（Hyerle，1996）一书中，我对可视化工具作了较理论的概述，将其归纳为三个基本独立但偶有交叉的大类，即头脑风暴网络图、"任务导向"组织图、概念图（我称之为"思维过程图"）。本书第一版得到了序言作者亚瑟·科斯塔博士的帮助和指导，他非常慷慨地帮助我重新出版了这一版。这个版本把可视化工具视为"人类何以成为人类"这一问题的延展。

我过去曾研究过这三种类型的工具，发现实践中它们有时呈现出共同的可视化形式，但往往使用目的和功能不同。这本理论作品主要基于我在加州大学伯克利分校及哈佛大学攻读博士学位时的研究成果，其中部分内容现在依然有用。我的论文《思维地图——多种理解模式的工具》（Hyerle，1993）对这些研究进行了整合。你现在看的这本书也是基于我的第二部作品《可视化工具应用实用指南》（Hyerle，2000a），这本书汇编了更多该领域的实际案例（包括文章节选）和创造性应用可视化工具的教育人士、家长、商务人士的故事，还详细阐述了这些不同的工具如何运用，并提供了课堂和出版业的应用范例。

本书中保留了许多这类资源的节选，扩展了"综述"部分的篇幅介绍多种可

---

❶ 本书展示的许多独立的、一般形式的可视化工具，是教育和商务人士业已长期使用的。而对于需要专门技术、资源和训练的成套的可视化工具或可视化软件，以及/或某种可视化语言，如果其开发人员或研究人员注册了版权，我都用了法律上、专业上认可其工作的恰当标识。希望读者仔细查看并尊重这些区别。——作者注

视化工具，以便使教师能够带领学生练习使用这些工具——逐步从单一地使用可视化工具过渡到全面、全校范围使用。这部分内容中包括了模板档案——将这些工具应用于实践的案例，不过我并没有提供可供复制的参考模板。为什么不呢？这是我20多年来接触各类可视化工具得出的经验——大部分可视化工具我都在教学中试过——这个经验就是，如果你复印一份黑线大师❶（blackline master）给学生，那么你就是在让他们复制你的思维模式，而不是鼓励他们动手画图以建构他们自己的思维模式。我从自己的经验以及我对其他教育人士的观察中也发现，我们经常严重低估学生的能力。在一些学生考试成绩较差或者有特殊需求的学校或班级里，这种情况尤其突出。出于各种不同且复杂的原因，很多教师最后会过于娇惯这些学生，结果抑制了他们的认知发展，没有清晰地引导他们将思维能力提升到更高水平，也没有引导他们进入自己的最近发展区❷（Vygotsky，1936/1986）。

本书可理解为三大部分。前三个章节为第一部分，如"引言图2"所示，分别向读者介绍了绘图的隐喻、培养网络型大脑和模式化思维，以及运用可视化工具。第二部分包括了第四、五、六章，聚焦三种基本的可视化工具及其运用：头脑风暴网络图、组织图和概念图。最后一部分，为最后两章，记录了我开发的一种综合性的可视化工具语言（我称之为"思维地图"）在当代的广泛应用，第7章介绍了"思维地图"，并展示了这些可视化工具作为一种语言，如何成功地用于英语语言学习、用于绘制标准、用于对整个学校的领导实践。介绍完这些工具之后，三位作者——史蒂芬尼·霍兹曼、萨拉·柯蒂斯、拉里·阿尔帕——分别对这三种工具的应用提出了深刻见解；最后一章记录了在位于马萨诸塞州牛顿市西部一所学校——学习预

---

❶ 黑线大师，指全篇以黑线条图表为主，供学生填空的练习册。——编者注
❷ 最近发展区，维果茨基认为在"儿童现有的独立解决问题的水平"与"通过成人或更有经验的同伴的帮助而能达到的潜在的发展水平"之间存在"最近发展区"。

科学校❶（Learning Prep School，简称 LPS）中，从小学到高中各年级的学生（他们都有基于语言的特殊需求），在过去几年里，他们是如何全面地应用"思维地图"的，我们的记录结果清楚地展示了学生们在认知发展方面的变化，在课堂任务执行和马萨诸塞州综合评估体系（Massachusetts Comprehensive Assessment System，MCAS）测试中的表现，以及这些学生以各自不同的方式使用思维地图进而将他们自己视为学习者的深刻变化。

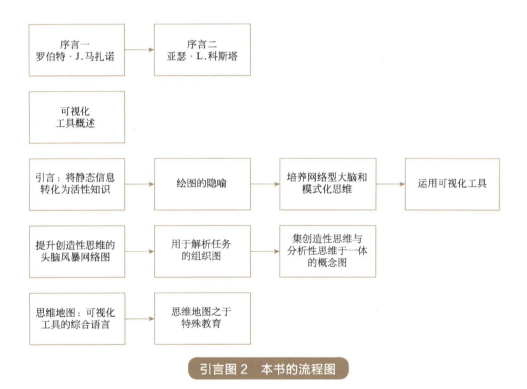

引言图 2 本书的流程图

最后一章的作者辛西娅·曼宁，是驻 LPS 的"思维地图"督导。这一章印证了当学校所有教职员工基于基础认知过程，经过持续不断的努力，准确、系统地向学

---

❶ 学习预科学校，这是一所非营利性的小型学校，招收 8~22 岁的有学习障碍的学生，比如有识字障碍、自闭症等。——编者注

生教授一种可视化的学习语言时,将会发生什么变化。文中引用了一位学生的话,他说这些工具"让我学会思考"。最末章详细阐述的(LPS 教育的)成功,呼应了书中所描绘的努力及成果,升华了本书的初衷:使各层次的学生都做到将静态信息转化为活性知识。这些可视化工具提供了直接的路径,让学生从低阶应用通往高阶思维,从机械记忆内容信息通往将信息转化为对概念的理解,从能够绘图并书写出某篇文章中的转折句通往预设并规划人生(从学校走向常令人却步、需要自学能力的新世界)的巨大转折。

最后一章引用了一些学生的话,这些学生的经历体现了本书的理念:可视化工具帮助学生们掌控自己的思维和行动,使他们能够将信息转化为知识。反过来,这些知识又使他们能够将日常的生活经历转化为持续不断的认识自我、完善自我的过程。

第一章
绘图的隐喻

世界各地的老师们都觉得奇怪，为何他们对学生思维能力的看法总是和学生的课堂表现不一致。这些看法可能是正面的，例如下面这些话，可能你自己也经常说：

- "我知道他有很棒的点子，但在他的写作中似乎体现不出来！他写的东西总是一团糟。"
- "她的想法超有创意，就是很难清楚地表达出来。"
- "我给学生一些信息，让他们再复述时——如果他们记住了的话——就变成一团乱麻。他们很聪明，只是不懂得如何组织观点。"
- "我把步骤告诉他们，我知道他们能做到，但要他们做对就得一遍遍地耳提面命。"

当有些教师带着偏见工作时，有些看法会非常负面、有害，尤其面对那些以英语为第二语言的学生（Mahiri，2003），下面是我在城区的一些中学工作25年来听到的一些评价：

- "这些孩子就是不会思考。"
- "我让他们说说想法，他们就是不张口。我让他们写下来，又写得一团糟。"
- "这个嘛，你们也知道，看看这些孩子都是哪儿来的。他们就是缺乏知识基础，所以学不好。"
- "如果连词汇量都没有，他们又怎么思考？"

类似的担忧，在职场也经常听到。有些管理者发现下属很有才华，工作的质量却不怎么样；或者，由于文化差异或认知结构不同，管理者并未意识到下属的才华。

我们的教育系统似乎也因为类似的不协调而备感迷茫，其实，解决不协调的关键点之一，就是要摒弃陈旧的观念——认为信息和知识是彼此孤立的；并认识到，无论是在研究还是在教学中，我们现在的学生有着迥然不同于50年前的思维模式和学习期待。我们教的是一代"数字原住民"：他们习惯于网络、充满活力，是精通"视觉-空间-语言"媒体的未来主义者。他们探索和展示这个世界的方式，相比于我们在课堂上所展示的，更加直观、更具关联性。课堂上，很多老师仍旧只管说教，让学生被动地听课［就如20年前约翰·古德拉德（John Goodlod）的研究发现的那样］，学生阅读一段段文字，然后回答章节后的问题，学生们填写固定的表格，乃至固定的黑线大师的组织图，或者上编排跟书相同的软件课程（只不过是形式上电子化了而已）。孩子们在网络中不会不知所措，因为他们非常适应网络中模糊的信息和不断变化的知识。但我相信有许多学生在课堂上会不知所措，因为他们感受到的知识是静态的、线性的。

从知识传授的角度来看，对于如何看待及理解知识，学生和教育者之间，存在着重大的脱节，这也是本书要解决的问题之一。造成这个问题的主要原因在于，大部分教育者，和大部分教育研究者一样，注重的是文本和听觉。但我们的生活不仅依靠字书和口语中的信息，还包括在线性的一段段文字、一串串句子中才被赋予意义的信息。当我们要想了解点什么的时候，往往会去读书；当我们要想知道学生学到什么的时候，往往会让他们写作或作口头陈述。长久以来，久到我们根本想不起来从什么时候开始，这种模式就主导着对读写能力的定义。这就是我们的思维套路。学习者不论年纪大小，他们"写不出"或"想不通"的主要原因之一在于"文本屏障"（Wall of Text，我提出的关于信息的导向性隐喻）。文本构成的线性屏障，无法展现作者在线性表征中暗含的丰富的思维网络和模式。如果学习者使用思维工具或者将文本与可视化工具结合，找出隐藏在文本屏障中的思维模式，那么知识那丰富的基础结构也就显山露水了。

置身于 21 世纪的我们都知道，信息、概念及知识的线性表征并不能够反映出大脑的工作模式。某种程度上说，线性表征与大脑和情绪的工作模式是相背离的。这个观点看似极端，但细想一下，其实不然。当我们关联信息时，当我们将信息转化为知识时，我们的思考不是线性的。实际上，我们周围运转着的世界也不是线性的，它的运转就像是一张充满活力、互相依存、极为复杂的关系网——它更像一张地图。

有一次，我与纽约州一所学校的教师和行政主管们一起工作，在我向他们简要介绍了本书展示的关于可视化工具的一些结论性研究和实践后，该地区的教学督导提出了课堂"读写能力"的新定义，那是戏剧性的"灵光一现"："这些年来，我一直以为读写能力就是我的学生说、写，现在我才明白我真正想知道的是我的学生是怎么思考的。"请把这句话再读一遍。这正是这本书想说的：课堂上的说、写及其他难以计数的形式，大多是学生们思索意义时的线性表征，而大多数思考过程、内容信息、知识还有情绪，是非线性的。这本书展示了，还有其他补充性的方式可以用来表征知识，而且它们也如线性文本一般"严谨"。

这本书呈现的研究工作，与其说是变革性的，不如说是演进性的。因为反复接受过 20 世纪末的"听觉－口述"教学技术培训的教育者们，步入了 21 世纪的综合"视觉－空间－口述－听觉"于一体的教学。但这并不表示我们要完全摒弃文本屏障。我们的生活和学习依然要依靠线性表征，以及非线性和线性的可视化形式。我们想做的是把可视化工具加入进来，与文本相互作用，从而也提出关于知识如何表征的另一个隐喻。从人们首次使用头脑风暴网络图开始，人们便突破了表征信息、观点和概念的方式。你们会在书中发现，过去二三十年间，这种突破是与所有线性文本并存的，我们对线性文本的重视一如既往。

○ 不同表征系统的认知失调

为了促进教学和领导力培养，我们有必要改进现有的教学方式，转而在课堂、学校以及学校系统中更深入、更广泛地应用可视化工具。本书对这一需求，做了简述。一些领域和研究证实了这一必要性，简要总结如下：

新科学：我们知道，世界是动态的、相互依存的系统，或者说"生命网络"。它不是线性的，即便对于"时间"，人们也并非完全线性地理解它。每一门学科，包括大脑研究，科学家都必须把内容知识绘制成图，才能深刻地理解整个系统。

大脑研究：研究表明，大脑是由视觉主导的，大脑源源不断的真正力量——思维能力——在于对涌入的刺激进行自发绘图，记忆和意义就在这种视觉表征中得以加强。正如帕特·伍尔夫（Pat Wolfe）所言："大脑做的事情就是绘图。"

智能：我们知道，多重智能以不同的信息表征方式为基础，情绪智能也有赖于大脑创造"视觉-空间-语言"图式（schema）或心智模式的能力。我们也知道，我们必须培养一系列的思维习惯，通过这些习惯来提升思维能力和问题解决能力。

教学：我们知道，非语言表征与语言表征相结合（双重编码❶）对学生的学习有巨大的影响；我们也知道，提升思维能力需要培养思维习惯和元认知行为。使用非语言表征，还对丰富词汇量有直接影响。

学习：我们知道，人们对图表表征有效性的研究十分广泛且结论可靠，特别是在对各学科阅读理解的文本结构进行解析方面；我们也知道，学生利用思维技能来自行创作可视化工具是提升概念表现的关键。

通过引导教育者们使用新的工具和策略，这些领域及每个领域内部的研究，都让我们获益匪浅。不过我认为，还有一种隐喻——基于我们与世界之间主要的"视觉-空间"联系的绘图隐喻——提供了一种结合文本屏障并超越文本屏障的语言。那么，就让我们看看这种隐喻，并通过它来观察我们是如何建构知识的。

○ 房中大象

汉德尔斯曼（Handelsmen）在《纽约客》杂志上发表过一篇漫画，漫画中一对老夫妻坐在客厅的安乐椅上看书，一头大象用鼻子接起电话应声道："我不是，我

---

❶ 双重编码，该理论由心理学家佩维奥（Allan Paivio, 1925—2016）提出，他认为大脑中存在两个独立运行又相互联系的系统——语言系统（以语义代码来存储信息）和非语言系统（以图像代码来存储信息），并强调在信息的贮存、加工与提取中，这两种信息加工过程同样重要。——编者注

是大象。"这幅漫画想要表达"房中大象"[1]这个观点,即我们对事物现状习以为常,即使它们在不断变化的世界中已经行不通了,我们竟然意识不到问题的存在。当然,这幅漫画更进了一步:大象不只是角落里被动的旁观者,它已经完全接管了那对老夫妻的日常生活,到了全盘掌控和代为决策的地步。因此,我想提出对教育者而言"大象在客厅接你电话"的情况,这也是本书想重点表达的信息:

课堂上信息高度凝练的线性表征(如文本段落),与心智模式的多维绘图——"大脑-思维"在加工信息并将信息转为知识时的自然运转方式,这两者之间存在着认知失调。

这种失调或脱节是妨碍学生思维能力提升的根本障碍,也是妨碍教师教学能力提升的根本障碍,在讲授那些基础但复杂的内容以及进行概念学习时,教师难以做到让所有学生比较容易地理解这些内容。

这种失调就仿佛房中大象——如此显而易见、触手可及,但我们大部分人却对它熟视无睹。虽然教师们正在通过让学生运用可视化工具,或采用其他新的教学方法让教学朝着知识创新的方向转变,但是课堂上这种认知失调依然存在。

认知失调一词有两重清晰的含义:一方面,我们的认知过程不只是线性思维模式;另一方面,我们却总要求学生用线性方式展示他们的想法。本书不仅提供了传统读写形式的替代方法,还提供了"展现你所知"的另一种方式,从根本上转变我们对知识的理解。为什么这么说?因为任何一种可视化工具,不论头脑风暴网络图、组织图还是思维过程图,都以这个隐喻为基础——在"视觉-空间-语言"三个层面描绘知识。任何突破性技术都是建立在已有基础之上的,这一思维转型技

---

[1] 房中大象,The elephant in the room,意指显而易见却一直被忽略的问题。——译注

术——描绘心智模式——也是如此。将信息绘制成可视化的知识，本就是大脑的工作模式，而且早在物理空间绘图出现之前就已存在。

○ 绘图的隐喻：未知之地

本书涉及"视觉-空间-语言"绘图这一隐喻在21世纪的丰富内涵，它的主要作用是帮助我们理解可视化工具及其技术如何提升了学习者将信息转化为知识的能力。归根结底，这本书是关于知识建构上的力量分配的。我们的学生，如果渴望在学校和职场上有积极变化的话，那么在技术娴熟度与思维流畅度之间的鸿沟，是他们必须要跨越的障碍之一。很显然，我们早已回不去那个信息被工整地打包进书里，然后安放在图书馆书架上的时代了。绘图隐喻展示了我们进入新世纪以后所面临的主要困境：学生可能具备获得信息的技术能力，但思维流畅性不够，不能把信息加工成有意义或相关联的知识。

绘图衍生出的多种独特表征方式，鲜明地体现在了地图绘制的历史中。这段历史显示，绘图的发明是人类理解力发展的转折点：

> 绘图这一行为的深远意义，可与发明数字系统的意义相当。对事实进行组合或删减并构造一种类比空间，是非常高阶的抽象思维，因为它能使人发现隐藏的结构，这种结构如果不用绘图的方法是发现不了的。（Robinson，1982）

这段话引自詹姆斯·H.万德斯（James H.Wandersee），他对绘图法与认知之间的联系作了颇有见地的分析（1990）。他认为绘图法连接了理解、解释、认知、转换以及创造。万德斯称绘图法有四大基本用途：

1. 质疑某人的设想；

2. 识别新模式；

3. 创造新联系；

4. 让未知事物可视化。

  一直以来，绘图（或绘图法）都是我们记录周围环境或遥远海岸等重要信息的主要方式，从古代给地球或天空绘图，到现在给太阳系绘图，莫不如此。一直以来，人类都在探索并绘制新的未知领域，再通过陆路或海路，如今则是通过航空，找到回家的路。绘图法既是一门科学，也是通往新知的大门，但直到近几十年"绘图"这个词才进入天文学家和地理学家的知识领域。实际上，无论是非洲还是玛雅（位于美洲）的天文学家，对他们而言，地图都是新发现或所有权的凭证，而且往往也是管辖权的凭证。如果某位"发现者"能够把某个地区的地图绘制出来，那么他也就建立了对这片领地的所有权。插上一面旗帜只是象征性的动作，而绘制该地区的地图则是在行动上明确了地理上的边界和领土。

  当然，在18世纪的航海家、商人和执政者们心中，在经度上的新发现才是最重要的。因为一旦纬线和经线相交，空间关系就随之确定下来，也就可以指引探险家和征服者去往未知之地了。刘易斯和克拉克❶的探险队穿越北美洲西部，像所有踏入新世界的其他征程一样，这也是一次想要绘制未知领地、缔造新的共和国，以期发展商业、扩张领土的尝试。毫无悬念，刘易斯给托马斯·杰弗逊（Thomas Jefferson）总统带回的"地图"，其中所描绘的地理信息非常专业，所描绘的资源具有商业意义，而其中所描绘的对众多探险者而言新奇的文化，有着民族志一般的意义。

---

❶ 刘易斯和克拉克，Lewis and Clark，美国的两位探险家。——编者注

> 刘易斯研究了杰弗逊收集的地图，也同资深地图收藏家艾伯特·加勒廷（Albert Gallatin）进行了探讨。问题是曼丹部落以西靠近海岸的地区是未知之地，地图上的这块空白，即便世上最厉害的科学家也无法填补，除非有人能亲自穿越那片大地。（Ambrose，1996）

如今，我们发射无人飞船到遥远的星球开展测绘工作，某些情况下甚至"占领"地球以外的新领土。地球"各个角落"已被人类洞悉，我们的技术能力似乎（甚至不计后果地）远超实际需求。我们通过全球定位系统（GPS），就能获取电子地图；坐在汽车里，屏幕上就会显示地图，指引我们拐过街角或驶入另一个州。同理，我们用类似技术来网罗各类信息，我们的孩子盯着电视、电脑屏幕或手持设备，接收来自世界各地、各种立场的互联数据。这些五花八门的观点可能来自网络上的电子知识探索者，可能来自商品市场的营销员，还可能来自暴力影像等道德上令人反感的材料的开发人员。

美国本土的 48 个州已没有新的未知之地：新的未知领域来自人类的想象、互动和交流。术语"网络""万维网""集成""互联网"都是对这个时代核心隐喻——绘图——的具体表达。绘图隐喻，描述的是对知识结构的连接与整合。正如我们在这本书中看到的，绘图同样也是使思维流畅的实用工具的名称。绘图是集思维过程、心理策略、技术、知识于一体的丰富综合体，使人类得以探索未知、展示信息模式，继而用图表来表征、建构、评价新知识。如果正如托马斯·弗里德曼（Thomas Friedman）所称"世界是平的"（Friedman，2005），那么我们需要新的地图，来为"思考和沟通"这架动态技术飞机导航。

大脑的基础功能是寻找模式，思维有意识地创造模式，情绪为多层相互联系的经验模式所驱动，媒体借由传播模式发展壮大，自然界本身也由错综复杂的模式交织而成——我们既是组成部分,也深处其中。在这些模式中,有些是线性和程序性的,但知识的基础——从基础事实知识的记录到经过评价过程后的决策,包含了各种非线性模式。我们的想法是线性的吗?情绪呢?生态系统呢?价值观呢?用最直白的话来说就是,我们的教育制度和教育领导者们,不能再拖孩子们的后腿了,他们坐在电脑前就可以访问、下载并创建复杂交错的知识,而我们却站在他们面前用线性的文字和数字来说、写、计算。

○ 为大脑绘图

在大脑早期研究中,科学家看到大脑的两个半球由一个桥状物连接,大脑有多个区域,即特定脑区,并且大脑是精细的神经网络系统。图1.1展示了,在大脑扫描的早期,人们要理解大脑功能,需要依赖于大脑活动轮廓的可视化绘图,此例中,人们用一架被称为"魔眼"的特殊相机,扫描了大脑不同区域的脑电波活动。

过去十年间,人类基因组系统图谱测绘"竞赛",是最重要的技术竞赛之一。关于这场竞赛的早期发起人之一 J. 克雷格·文特尔(J. Craig Venter)的一篇文章,曾将这场竞赛的"终点线"描述为:

> 一张完整的人类基因组图谱,包含我们认为存在于人类 DNA 中的 8 万个基因。总的来说,这意味着先要找出 30 亿条以上的微观信息——核苷酸或碱基,它们相当于字母——然后把它们按正确的顺序排列,并研究如何解读它们。(Belkin, 1998)

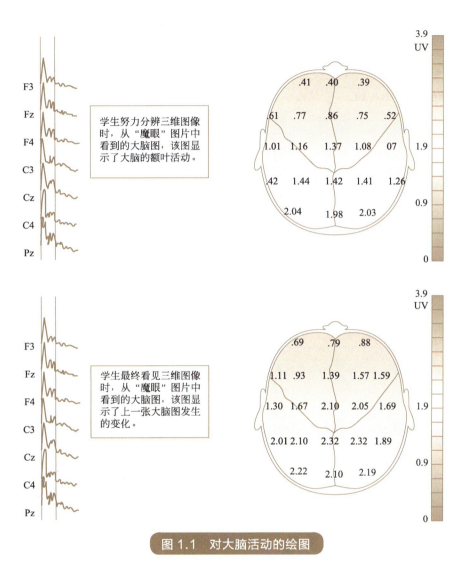

图 1.1 对大脑活动的绘图

资料来源：Alcock, M. W. (1997, Spring). Are your students' brains comfortable in your classroom? *Ohio ASCD Journal*, 5(2): 13.

从科学的角度来看，文特尔极富争议，但争议的原因并不在于他试图识别所有的基因（因为这是一项政府资助的人类基因组计划），而是因为他试图从 DNA 链的部分基因序列中推断出存在于其间的其他基因——这很像绘制一张标注了所有街道的城市地图，却没有填入每个店面的详细信息。从商业道德的角度来看，他也身处冲突中心：谁该"拥有"这张地图——这所谓的生命之书、完整的人类遗传密码？（图 1.2 展示了 DNA 链）。

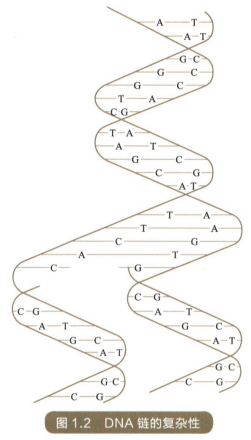

图 1.2　DNA 链的复杂性

资料来源：Lowery, L. F. (1991). The biological basis for thinking. In A. L. Costa (Ed.), *Developing minds: A resource book for teaching thinking* (Vol. 1, rev. ed., p. 113). Alexandria, VA: Association for Supervision and Curriculum Development. 经许可使用

○ 用于绘图的可视化工具

各种图表是我们生活中的基本指南：路线图、世界地图、公交地铁时刻表、博

物馆或游乐园导游图、气候图，甚至想象中的藏宝图。当然，我们研究地图上的地理知识时，主要看的是地图呈现的山脉、山谷、河流之间的基本联系。同样，可视化工具主要用于建立、呈现想法和概念之间的联系。

可视化工具提供了一幅呈现模式、内在联系、相互依存关系的鸟瞰图。可视化工具给我们指明道路，让我们在书山文海或资讯高速公路上一往无前。地理地图是直观展示世界的物理模型，而可视化工具生成并揭示了由学习者衍生出的相互关联的心智模式，同时也展现出每个学习者的思维那独特的模式生成能力。地理地图和心智地图的显著区别在于，地理地图呈现的是相对静态的物理实体，而我们研究的心智地图呈现的则是内在的、灵活的、多变的、高产的心理模式。

作为一种更高阶的地图，可视化工具反映了我们制图和整合关系的能力。而且，地理地图与心智地图在用途方面有明显的相似之处：两者都基于对迄今为止未知的地域、心理空间的可视化呈现（Fauconnier，1985）。两者都同步地呈现了作为整体的"森林"和作为个体的"树木"，并引导我们进入知识的三维图景，而非停留在二维的纸面上。此外，制图很像作画：因为从某个特定视角绘制，所以会有局限性。这意味着每一张心智地图都是从个人观点出发、运用手边工具绘制而成的，它受限于创作者的智力水平和哲学范式。最好的印证，就是我们人类对地球认识的变化：从我们祖先绘制的"平地论"地图到宇航员从月球山谷的角度观察地球而绘制的地图。

绘图法和人类认知的心智地图之间的隐喻关系尽管不完整却大有用处。眼见不一定为实，视觉是感知的一种方式，而且对我们大多数人而言，它是主要方式。视觉与听觉、触觉相互制衡后形成知觉。绘制心智地图的可视化工具需要与其他表象系统和语言系统相结合，从而得以反映不同类型的智能。

○ 绘图隐喻的基础：看见

绘图可以帮助我们理解为什么"看见"（seeing）这一隐喻是可视化工具成功的基础和核心。在日常课堂语言中，这一隐喻是可视化工具的"基础"。图1.3是一幅关于"看见"这一隐喻的部分日常用法的绘图。通过"看见"的隐喻，我们就很容易理解"绘图"是认识论中的一种可选形式。加州大学伯克利分校语言学和认知科学教授乔治·莱考夫（George Lakoff）及其同事一直从事着概念隐喻领域的跨文化研究。莱考夫的最新著作《别看房间里的大象》（*Don't Look at That Elephant in the Room*）在政界引起了不小的轰动。而他划时代的研究《我们赖以生存的隐喻》（*Metaphors We Live By*，Lakoff & Johnson，1980），揭示了隐喻在认知、语言、日常生活中的中心地位。莱考夫的工作整合了大范围的认知科学研究和哲学探究，为理解人类的认知、经验、行为提供了新的框架。

如图1.3所示，这一隐喻并不孤立存在，它与世界上其他的形态、空间/物理关系交叉重叠。当你把这些术语联系起来，并加入你从日常生活中发现的隐喻，你就会注意到视觉隐喻和空间隐喻的交叉重叠。例如，"换位思考"就是站在某个特定位置，然后从那个"视角"来观察。这是画家、摄影师、作家及其他艺术家在日常生活中获得新视角并呈现真知灼见的一种方式。而且，正如我们将在这本书中看到的，当学生开始运用可视化工具时，他们会对自己的世界有更深的了解，他们会抬起头说："我明白你的意思了。"

总而言之，可视化工具是用来建构知识的呈现方式的。从教育的角度来说，可视化工具可用于建构并促进记忆，交流和探讨意义，评价和改进相互关联的知识那不断变化的适用范围。我们甚至可以用绘图来重拾我们大脑深处遗失的信息、想法和经验。我们运用绘图来寻找通往新信息的路径，它们就像不断进化发展的思维藏宝图，用于寻找文本及其他材料中的新含义。

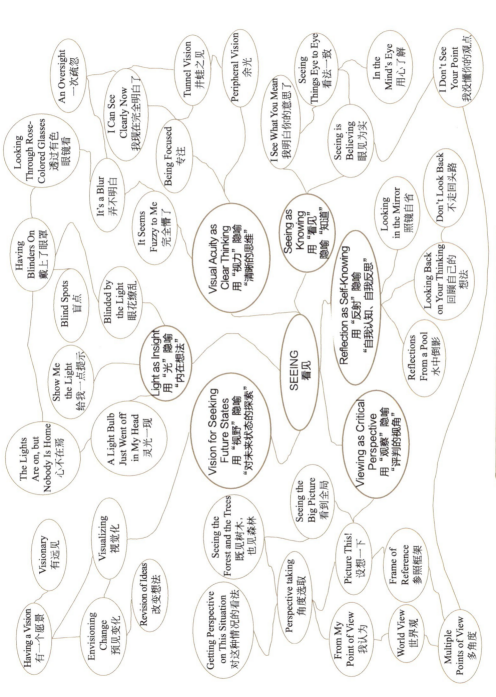

图 1.3 英文中与"看见"相关的日常隐喻

本书旨在呈现思维模式，展示可视化工具是如何帮助我们和我们的学生理解世界、更好地交流，成为终身学习者的。21世纪绘图隐喻的丰富内涵，在帮助我们理解可视化工具及其技术用途方面，发挥了核心作用，它显示了可视化工具如何帮助学习者运用人类古老的理解力，从现代社会中获取静态信息，进而将其转化为动态的知识地图。

本章审读人：赵国庆[1]

---

[1] 赵国庆，北京师范大学教育学部教育技术学院博士，硕士生导师，是本书作者大卫·海勒先生在加州大学伯克利分校的校友。本书概述、引言及第一章由赵国庆博士审读。后续章节根据其建议进行了相应的完善。——编者注

第二章
培养网络型大脑和模式化思维

列奥纳多·达·芬奇发展完整思维的原则

1. 学习艺术的科学。

2. 学习科学的艺术。

3. 培养感知能力——尤其是学会如何看待事物。

4. 意识到一切事物都与其他事物相联系。

——Buzan，1996

上一章提出的"绘图的隐喻"，生动阐释了可视化工具如何全方位地影响人们将孤立的、静态的信息，转化为动态的、图形呈现的知识。本章则详细阐述了结论性的研究基础，记录了可视化工具如何通过对思维进行可视化表征，来提升学习者的能力——从内在的、无意识的网络型大脑中流淌出外在的、有意识的模式思维。达·芬奇的上述原则是这一章的指导思想，学生们需要进行分析性（科学性）和创造性（艺术性）的学习，并培养感知能力，尤其要看到并认识到万物皆有联系。也许达·芬奇给了我们可视化工具的最好定义！头脑风暴网络图对我们的创造力有直接的促进作用，组织图更多地帮助我们分析过程，而概念图则为我们提供了一个集创造性、分析性、互通性为一体的综合构思流程。

本章我们将通过多个框架来观察可视化工具如何通过心智模式的非语言和语言表征，促进大脑神经网络和图式模式思维的发展。这种发展不断变化、不断进化并持续终生。在透过大脑研究、图式理论、多元智能、情感智能、思维习惯等视角探究可视化工具的作用之前，让我们先看看最相关的课堂实践研究——非语言表征的使用，以及这一研究中能展示组织图高效性的重要领域。

○ 非语言表征和语言表征

《有效的课堂教学——基于研究的提高学生成绩的策略》[1]这篇文章，被许多期刊引用，被许多学校口口相传，它所论述的研究，具有里程碑式的意义。在这篇文章中，罗伯特·马扎诺、德波拉·皮克里（Debra Pickering）、简·波洛克（Jane Pollock）等人明确了9种直接影响学生成绩的策略（Marzano et al., 2001）：

1. 鉴别相似与不同
2. 总结和笔记
3. 提倡努力并给予认可
4. 作业和练习

---

[1] 《有效的课堂教学——基于研究的提高学生成绩的策略》，原文名：*Classroom Instruction That Works:Research-Based Strategies for Increasing Student Achievement*——编者注

5. 非语言表征

6. 协作学习

7. 设定目标并提供反馈

8. 提出假设并验证

9. 线索、提问和先行组织者 ❶（advanced organizer）

依托中部教育与学习研究所（McREL），《有效的课堂教学》的作者们运用元分析过程，对基于课堂的研究进行分析和综述，概括了行之有效的关键方法（元分析过程，即结合研究结果来发现"平均效果"）。他们研究发现的9种教学策略之一便是非语言表征。以下是作者的背景理论及该教学策略的定义：

> 许多心理学家坚持一种名为"双重编码"的信息存储理论。这一理论假定知识以两种形式储存——语言形式和图像形式……图像表征模式即被称为非语言表征。语言和非语言这两种表征系统用得越多，我们越能更好地思考和回忆知识。

学生对语言和非语言表征形式的整合和直接使用，就是可视化工具的本质。将图与文字以一种可视图形的方式结合在一起，会在大脑和思维之间架设一条有助于记忆信息、丰富精神的纽带。这种纽带由学习者建构，因此提供了这样一个过程，即将信息概念化，转入学习者的知识库中成为有意义、可视化的形式，并呈现在纸上或电脑屏幕上。这些图成为大脑的外部记忆，也成为学习者心理反射和自我评价的一面镜子。

随后，作者展示了一系列组织图，这些组织图体现了如何将研究和理论有效地

---

❶ 先行组织者，是呈现在学习任务本身之前的一种引导性材料，能清晰地与学习者认知结构中原有的观念和新的学习任务关联，目的在于给学习者在新知识学习时提供一个较好的固定点。——编者注

转化为课堂实践。在展示这些组织图的过程中,作者既对语言形式和非语言形式作了区分,同时又把它们联系起来:

> 组织图可能是帮助学生形成非语言表征的最常见的方式……组织图结合了语言模式(使用单词和短语)和非语言模式(使用符号和箭头来表示关系)。

在头脑风暴网络图、组织图和概念图中,用于连接信息的"符号和箭头"及方框、椭圆和线条等其他图形表达方式,是呈现在纸上的宏观连接,它们反映的是大脑中正在形成的微观神经连接。复杂的可视化图形中的那些孤立的单词,是我们希望学生掌握的与学科知识相关的词汇,它们都是分散的信息,大脑通过神经回路将这些信息连接在一起。正如帕特·沃尔夫所说,"我们学到的最重要的一件事是:大脑是视觉主导的……大脑不会归纳概述。你的大脑建构了神经元的网络或地图,信息就被保存在其中"(Wolfe,2006)。传统的线性概述文字、"文本屏障"中的线性句子和段落,并不能代表大脑如何存储和连接信息。可视化工具更容易与大脑的自然网络相协调,这也是为什么语言/非语言可视化工具在课堂教学上能起作用的原因之一,我们将在后续章节中更深入地探讨这一点。

马扎诺和皮克里将这9种策略的研究延伸到了建构学术词汇的方法上,特别强调了组织图(Marzano & Pickering,2005)。让我感兴趣的是,他们提出的典型课堂教学的6大步骤中包含了第二语言学习者适用的教学步骤顺序,其中非语言表征是关键。在这个顺序中强调可视化工具的原因可能是,可视化工具非常支持并很容易与其他8种策略相结合。他们把部分可视化工具称为"学习的常见可视化语言",

包括构成思维地图的几个图形的具体用法（见第七章和第八章）。

例如，当学生要用图形描述两个概念之间的相似和不同，而不仅仅用语言来描述思维时，"比较和对比"策略最容易帮他们实现。马扎诺和皮克里提出，被称为"双泡图"的思维地图是进行比较和对比的有效工具。想想看，要对被比较的所有信息进行短期记忆，或试图细读一篇以线性方式组织的笔记，同时还要生成、组织、综合、评价这些信息，这对学生来说非常困难，因为他们还未尝试过把信息转换成主动的、可获取的知识。而当学生使用9种策略中的"协作学习"策略时，协作小组中的学生（或协作团队中一起共事的成人）要能把团队的思维归集为一个产品来体现他们合作的过程，这一点尤为重要。但通常情况下，协作互动过程中产生的广泛而丰富的学习模式未能保留下来，也没能以某种真正尊重团队思维深度和概念发展的形式体现出来，只是以线性列表的形式记录成静态信息，没能从静态信息转换为丰富、动态的知识模式。

当教师要求学生总结线性文本并记笔记时，另一种有效策略——"总结"也会出现上述情况。通常在没有可视化工具的情况下，学生只会以静态的线性形式抄写观点，哪怕信息是以层级、因果或比较的形式存在的。他们无法将信息转化为丰富的知识模式，无法将静态信息内化为活性知识，而是内化成了互无关联的信息列表。学生笔记中没有体现活性知识的思维模式和过程。此外，关于这9种策略，可视化工具还提供了"先行组织者"或"线索"，用于在课程开始时"设定目标"：老师在黑板上画出或在屏幕上投影出一个可视化表征时，学生们就会明白他们将被要求掌握这种思维结构，以便最高效地达到某个标准或实现某个目标。很显然，"形式"很重要，有助于我们理解与学习相关的可视化工具的强大作用。如果我们相信学习发生在学生的脑中，那么他们必须掌握将信息转化为积极、有意义的知识的能力，以及深度学习能力。

○ 组织图相关研究

中部教育与学习研究所的作者们进行的元分析，确定了 9 种有效的教学策略，这些策略都是从广泛的教育研究设计与课题的研究中综述而来的。我们细看组织图的具体研究，立刻就会明白为什么这些工具会出现在马扎诺、皮克里和波洛克的研究中。最近，教育研究促进学会（IARE）公布了一项研究，研究者们对 29 项基于科学的研究进行了分析，利用学术数据库来确定组织图的教学效果。根据 2001 年的"不让一个孩子掉队法案"[1]（NCLB）第 9101 条的定义，教育研究促进学会选择的是那些应用"严谨、系统、客观的程序，以获得与教育活动和项目相关的可靠、有效的知识"的研究。下面摘录的结论性综述有力地证明了可视化学习策略可以提高学生的学习成绩。

综述中引用的以科学为基础的研究表明存在这样一个研究基础，组织图可以支持不同年级的各种学生在各学科内广泛使用，以提高学习成绩和表现。教育研究促进学会的结论（从综述中一字不落地摘抄）如下：

> **阅读理解**：组织图的使用有效地提高了学生的阅读理解能力。
>
> **学生成就**：不同年级的学生在不同学科中使用组织图，都能收获很好的成绩。有学习障碍的学生也同样能获得好的成绩。
>
> **思考与学习技能**：开发并使用组织图的过程，提升了拓展并组织想法、发现关联，以及对概念进行分类等技能。

---

[1] 不让一个孩子掉队法案，No Child Left Behind Act of 2001，简称 NCLB，又译为"有教无类法案"。该法案由美国前总统布什在 2002 年 1 月 8 日签署，要求在 2005—2006 学年结束时，3～8 年级的全部学生必须每年都参加阅读和数学的标准化测试；到了高中再参加一次之后，再增加其他课程。学校根据考试成绩，判断学生是否为取得合格的学年成绩做出了努力，这些成绩标志着学生是否熟练掌握了考试科目的内容。

> **记忆力**：使用组织图有助于学生记忆和回忆信息。
> **认知学习理论**：使用组织图有助于认知学习理论的实施，包括双重编码理论、图式理论和认知负荷理论。

这项研究和本书中的证据表明，使用组织图有助于记忆和回忆基本信息、提升概念发展和高阶思维。分析表明，可视化工具可以帮助学生完成课堂上要求的一系列过程。以下是一份研究中（有些散乱）的概要清单：

- 头脑风暴法
- 拓展、组织和交流想法
- 看到关联、模式和关系
- 评价和分享原有知识
- 扩展词汇
- 编写过程活动大纲
- 突出重要想法
- 对概念、观点和信息进行分类
- 理解故事或书中的事件
- 改善学生间的社交互动，促进同学间的团结合作
- 引导评论及研究
- 提高阅读理解技术和策略
- 帮助回忆，提升记忆力

从这些研究中，我们能看到组织图对学生学习成绩产生的广泛影响。遗憾的是，由于"组织图"一词广为人知，许多教育工作者以为语言/非语言图表（可视化工具）的应用，仅限于以"组织"为主题的分析过程。本书中的一系列可视化工

具将证明它们可以被灵活运用，而不仅仅用于组织信息。尽管这些工具都在一定程度上有助于组织过程，但是研究表明，许多可视化工具可被应用于进行头脑风暴、理解、综合、评价，以及在课堂上交流观点。

○ 阅读理解和阅读优先相关研究

如今，人们认为支持早期阅读理解的教学对各学科的学习至关重要，因此，除了马扎诺等人定义的广泛的教学策略以及对组织图的具体研究之外，我们有必要对这方面做进一步探究。在美国教育部广泛发布的一份文件——《把阅读放在第一位》(*Put Reading First*, Armbruster et al., 2001)中，组织图的使用被确立为文本理解的中心策略。该刊物由早期阅读成绩提高中心（CIERA）开发，主要针对早期阅读教学的五个领域：音素意识、自然拼读、流畅性、词汇和文本理解。虽然针对自然拼读重视程度的争论愈演愈烈，但是报告中关于文本理解的部分与之前提及的两项元分析的研究相吻合。组织图和一系列语义图（semantic maps）对文本阅读理解而言非常重要：

> 组织图借助图表或其他图形，阐述了各个概念及文本中各概念之间的相互关系，因此能帮助读者理解概念以及理解该概念如何与其他概念相互联系。组织图能帮助学生从信息型文本（如社科研究教科书和贸易类书籍）中学习。组织图也可以与信息型文本一起使用，以帮助学生明白概念是如何适应常见的文本结构的。组织图，如故事图，也常用于理解叙事文本（也称故事）。
>
> 组织图可以：
> 帮助学生在阅读时理解文本结构；
> 为学生提供审视并直观展示文本中关系的工具；
> 帮助学生有条理地书面总结文本内容。(Armbruster et al., 2001)

如果我们仔细看一下之前综述的三项元分析——有效的课堂教学、具体的组织图研究、《把阅读放在第一位》出版物——我们便会清楚地看到：可视化工具是一种特定工具，它能使学生直观地组织信息、形成观点、总结所读所学的内容，并将信息转化为动态的知识形式，而不是教师最常用的传统线性结构。

可视化工具还为学科词汇发展提供图形结构，并且提供了从基本信息到改进思维、元认知和学生自我监督实践的可视化桥梁。《把阅读放在第一位》中指出，"元认知可以定义为'对认知的认知'。优秀的读者使用元认知策略来思考和控制他们的阅读……阅读理解监控，作为元认知的重要组成部分，在阅读研究中受到了广泛关注"。因此，虽然在低年级的活动中，"阅读之争"一再发生（人们在"以语音为中心"还是"以意义为中心"之间拉锯），但是可视化工具在这二者之间架起了桥梁。谨慎细致、一以贯之、深思熟虑地使用可视化工具，有助于拓展词汇和概念。使用可视化工具，有助于学生在上下文中搜寻孤立的定义，并有意识地在整篇文章和整本书中搜寻文本结构的形式，这种能力将带领学习者到达更高层次的理解和认识水平。

虽说这些研究，对我们重新认识运用可视化工具可能带来的成果，非常重要，但让我们暂且退一步，不看具体的课堂教学和以学生为中心的策略，而是在更广泛的教育研究背景中看问题。鉴于具体的研究显示了教学和阅读理解的过程，那么让我们想想下面这几个问题：

在教育之外的更广泛领域的研究，是如何支持可视化工具的？

在这个世界上，我们的大脑和思想是如何相互作用，来生成、记忆、组织并理解我们身体接收的信息的？

研究课堂上词汇拓展、阅读理解、（跨学科）写作等任务的信息绘图，我们将看到，建立联系的过程，与自然界中大脑－思维－身体的运转方式异曲同工。

○ 绘制生命系统

有一点尽管显而易见，但认识到它很重要，即我们的大脑、思维和身体在自然系统中成长，自然系统影响着我们如何成为人。生命系统的结构和过程、大脑研究、思维图式理论和智能等领域的相关科学理论的转变，使这一点在教育实践中越来越清晰：使用可视化工具形成可视化模式，从而将信息转化为知识，对学生学习的影响可能比任何其他工具都大得多。作为教育者，我们很容易将注意力集中在不断扩展的大脑研究、智力、认知，甚至阅读理解等领域的精细研究上，而不是放眼于我们生活的世界或生命系统。对生命系统新理论进行简要讨论，可能会给我们一个更广泛的背景，让我们了解为什么在不断变化的科学范式中，需要可视化工具来感知和理解我们周围的世界。

在过去 50 年里，我们理解生命形态的科学和哲学基础都发生了剧烈变化。在《生命之网》（*The Web of Life*，Capra，1996）一书中，卡普拉将量子物理学、信息论、系统思维以及将大脑、思维和认知连接到生命过程的理论观点综合在一起。简而言之，卡普拉将生命系统定义为这样一种系统，它"具有某种组织模式，这种组织模式是由包含这些组织的生命过程所构成和激活的"（Capra，1996）。生命系统定义的关键特征是生物体的组织模式以及我们如何理解这些模式。卡普拉认为：

> 在结构研究中，我们测量和衡量事物。然而，模式无法被测量或衡量，它们只能被绘制。要理解模式，我们必须把关系结构绘制出来。

这一基本原则，正引导着大脑研究人员和教育领导者使用工具与技术，帮助学生寻找、建构并最终理解我们所教的每一门学科的信息模式，也将所有学科联系在一起。我相信,可视化工具作为学习工具浮出水面,是源自人们的直接需要——在当前历史时期下,去适应我们在生命系统理解上发生的根本性变化。过去,我们满足于线性文本和口头语言,因为它们是人们对世界线性、结构性的理解进行表达、编码的主要表征系统。

如果理解生命形态的新范式是基于动态的系统观,而不是机械的生命观,那么帮助我们以图的方式绘制出这些动态网状关系的工具,就变得至关重要。当然,我们对自然世界的认知也影响着我们目前对人类大脑的理解。

> "思维不是一件东西,而是一个过程——认知的过程,类似生命的过程。大脑是一个具体的结构,通过它,这种生命过程才得以运转。因此,思维和大脑之间的关系是过程和结构之间的关系"。(Capra,1996)

在本书后文中我们将看到,丰富的可视化工具为学生们提供了一种发现已知事物的方法,他们因此能够创造性地将纸质文本和电子屏幕上的静态数据和大量线性信息,编织成活跃的、有意义的知识。学生不断在自然界和周围环境中寻找模式。他们的大脑积极地探索模式,通过一系列的思维习惯和"多元智能",将原始数据加工成图式,并试图揭开其中的关系。他们归纳出知识的新的心智模式——相互关联的信息网络。

> "图提供的是参照框架。在图中,学生必须找到某种方法将新信息与其他信息联系起来……教师通常没有接触过创造性的绘图教学模式,也没有为响应更高考试分数的行政命令而放弃图式教学。"(Caine & Caine,1994)

○ 大脑是模式探测器

如果我们相信自然的存在方式是模式，那么毫无疑问，大脑潜能学习方面的专家都同意一件事儿，那就是：大脑通过建构或绘制世界的模式来了解其意义。因此，关注"模式"是理解大脑功能与可视化工具之间联系的切入点。

> 学习者最大的需要是意义……我们不可能通过把碎片信息粘在一起就能理解一门学科或掌握一项技能。对一门学科的理解源自对关系的察觉。大脑被设计成一个模式探测器。作为教育者，我们的职责是为学生提供各种各样的经验，使他们能捕捉"把信息关联在一起的模式"。（Caine & Caine，1994）

大脑中的一系列相互连接的模式，总是比我们通常在课堂上交流想法的线性模式更复杂。通常情况下，学生并不是必须将信息组织成模式，因此反馈给我们的是线性的信息列表或快速反应。或者，尽管他们在脑中全力组织了模式，但他们不具备完全看到这些模式的记忆容量。不同于我们在教科书和课堂上经常看到的重复性的信息列表，大脑在无意识地重建着其所有生理框架捕获的各种相互关联的信息点、信息碎片、信息串，同时将感观输入整合到大量的重叠模式中。作为教育工作者，我们知道学生"脑子里"想的比我们"知道"他们所想的要多得多。为什么？许多人说大脑没有得到充分利用，然而人们不太留意的是，大脑中真正"发生的事情"，除了用学校教的线性表征方式写在横线纸上之外，学生头脑中的想法很少能通过其他路径"走出来"。大脑建构模式的结构能力和思维在知识网络中表达复杂关系的认知处理能力，在字串、数字和其他传统符号表征系统中，被严重低估了。

例如，当我们问学生复杂的高阶问题时，我们就在激活他们大脑神经系统中那令人惊叹的模式化反应网络。可是，当我们让他们用线性方式（口头的、书面的或者纸上的数字串）作答时，很多学生往往不知所措。这是因为他们缺乏全面思考和表达想法的工具，还是因为他们快速模式化的想法被压缩成了简短的答案，只能以线性方式表达？其实，真正不匹配的是大脑的模式生成能力，以及我们提供给学生表达想法的贫乏的表征系统。这种情况造成了过量或者压力过大的认知负荷。

> "可视化工具是有效的学习工具。我想找出其他人都学到了什么，以及他们如何将其与之前的学习联系起来。当然，终极策略是用挂图或包装纸把墙壁盖住，然后让小团队以可视化方式就所学到内容设计一大幅展示图。他们可以协同创作可视化图，也可以拆分内容让每个小组负责一部分。这幅可视化图完成后就成了一幅壁画，它展示了相通、统一的思考方式，同时也为求同存异创造了新的可能性。"（E. Jensen，August 1998）

○ 视觉主导的大脑

由于大脑结构的特殊性，因此前一节提到的不匹配显而易见。令人惊讶而又难以置信的是，大脑每小时能接收 36000 个视觉图像。这种无法估量的能力，怎么会是真的呢？这是因为，我们大脑系统复杂的视觉能力超出了思维有意识处理的能力：研究表明，大脑接收的信息中，70%～90% 是通过视觉渠道获得的。虽然我们"感知"系统中的听觉和动觉模式很复杂，但大脑最主要、最有效的感知过滤器是我们的眼睛。正如帕特·沃尔夫所说，"大脑主要是视觉的"，部分原因是我们发展与进化的生存机制：为了生存，我们必须记住所看到的东西。许多教育学家曾认为，在教与学的过程中必须保持听觉、视觉、动觉方法的平衡，如今这一观点发生了戏剧性的逆转。现在，我们知道，人类的大脑已经进化成一种不平衡的"视觉-空间"图像仪/处理器。正如塞尔韦斯特（Sylwester，1995）所描述的那样：

> 我们身体70%的感受器都在眼睛上，我们眼睛的认知过程始于将反射光线转化为反射该光线的物体的心理图像。光线（光子）通过角膜、虹膜、晶状体系统进入眼睛，将图像聚焦在眼球后部的视网膜上。光线被视网膜上的1.2亿个视杆细胞和700万个视锥细胞吸收，每个视杆或视锥细胞都专司视觉区域中特定的一小部分。

虽然大部分记忆的形成，要靠大脑各区域都处于激活状态才能建构，而且所有模式必须不断被强化，但是随着时间的推移，大脑已经逐渐进化为视觉主导型的。即便我们都认为自己有强烈的"动觉""听觉"或"视觉"，但我们每个人通过"视觉"获得的信息，仍比通过其他方式获得的，多得多。我们需要理解脑中的这种不均衡，并据此开展教学。大多数学生和我们大多数人，在阅读这篇文章的时候，都是很强的视觉学习者。

> "视觉对记忆和回忆的影响已经在许多研究中得到证实。在其中一项研究中，研究人员先给研究对象展示了1万多张图片，随后又展示了其中一部分同样的图片以及他们没有看过的其他图片。在这种情况下，他们能够识别90%以上的他们所看过的图片。"（Standing，1973）
>
> "看起来，可视化工具不仅非常有效地帮助学生初步处理和理解抽象信息，它们还利用了我们大脑对图像的无限处理能力。"（Wolfe & Sorgen，1990）

关于大脑如何无意识地接收并同时有意识地处理信息，目前的大脑研究已经提供了许多见解。帕特·沃尔夫提出了在大脑动态系统中进行信息处理的三个主要阶段：引起关注、建立意义、扩展意义（Wolfe & Sorgen，1990）。大多数为学生和老师提供灵活认知模式的可视化工具，都与这三个信息处理阶段相契合，并为每个阶段提供助力。

> "每只眼睛视神经上的 100 万根视觉纤维，对来自视网膜上 1.27 亿个视杆和视锥细胞的海量数据进行汇总……进一步的处理过程（在大脑皮层前部）包括：将线段组合成形状、上色、组合、定位、命名、思考它们的含义。此刻，'感觉过程'正在转变为'思考过程'。"（Sylwester，1995）

○ 思维将信息组织成图式

大脑研究中一些有意思的进展，为长达几十年的认知科学研究（认知科学研究源自行为研究，侧重于研究思维的运行）提供了依据。大脑研究与认知科学研究之间的契合，为许多著作提供了有力依据，其中最重要的是大脑的网络结构与思维的"图式"处理之间的联系。这一图式理论，作为大脑研究的理论基础，将大脑的网络结构和思维的图式生成联系在一起。大脑的物理结构和活动是将信息编成网，然后对信息进行物理分块并存储在某些区域。当这些信息从整个大脑中被"唤起"时，这些孤立的信息就整合到了一起。

在微观层面上，这种整合支持了众多即时的、本能的、无意识的、重复的生命过程。当较大的信息组块被唤起至更有意识的层面时，从原有经验中建构认知结构的过程就发生了。"图式"并不是早已存在于人类大脑有意识层面的模式，而是建构认知模块及有意识地进行心理建模的过程。正如丹尼尔·戈尔曼（Daniel Goleman）

在他20多年前的第一本书中指出的那样，图式是一种过渡式的、幽灵般的形式，将未经加工的经验带到组织层面：

> "图式"是组织信息、使经验意义化的数据包，是认知的"积木"。图式中蕴藏了将未经加工的经验整理成清晰意义的规则和分类。所有的知识和经验都被打包进图式。图式是机器中的幽灵，是当信息流经思维时引导它的智能。(Goleman, 1985)

戈尔曼在他的早期作品《重要的谎言，简单的真理：自欺的心理学》[1]（1985）一书中，将大脑研究与认知科学、情商的概念联系在一起。在这本书中，他展示了注意力的脑部研究与图式研究之间的关联：

> 图式和注意力之间的互动，好似在跳一支复杂的舞蹈。主动关注激发相关图式，图式又反过来引导着注意力的焦点。大量的图式潜伏在记忆中静止不动，直到被注意力激活。一旦被激活，它们便决定着注意力要追踪哪些方面的情况……它们也决定了我们会忽视什么。于是，大脑结构和思维过程结合了起来：前者是神经网络（一种不断发展的结构），后者则是对组织经验的密切关注和/或忽视。(Goleman, 1985)

由于图式通常是由各种信息类型组成的网络（也有不是的），可视化工具可以对一系列神经网络的结构模式和概念的图式结构进行补充。皮亚杰等多人因此均高度重视学习者同化新信息、新概念并使其融入已有图式中的能力。这种心理图式和大脑的神经、物理结构随后转变并重组成一个新的结构。如果图式是大脑结构和思维

---

[1]《重要的谎言，简单的真理：自欺的心理学》，原书英文名：*Vital Lies, Simple Truths: The Psychology of Self-Deception*——编者注

处理之间的桥梁，那么可视化工具则可能是模式思维和外化表征之间的桥梁。

○ 作为活跃模式的多元智能

当我们把大脑理解为模式探测器时，我们开始理解霍华德·加德纳❶所描述的多元智能，实际上是关于模式的多样性是如何被表达的——或者说如何以不同的方式表征。将这八种智能（可能还有第九种）视为表征知识的不同方式，也许更便于理解。加德纳在他关于认知科学的早期著作《心灵的新科学》（*The Mind's New Science*）中，提出了这样的观点：这一新科学穿梭于各种表征方式之中。

> 认知科学家以这一假设为其研究的基础：出于科学目的，人类的认知活动必须通过符号、图式、意象、观念及其他心理表现形式等方式来描述。（Gardner，1985）

因此，符号和符号系统是将大脑－思维－身体之间的联系，引入个人内心及人际交往领域的译者或媒介。加德纳已做的一切要求我们作为教育团体（从更广泛的意义上来说，是作为涵盖职场、家庭、个人休闲时间的团体），去拓展对不同表征系统的认识和欣赏。心灵产物之中孕育着完美表达：

> 当符号和符号系统在形成成熟的符号产品时，它们的效用方才最大化，例如：故事和十四行诗，戏剧和诗歌，数学证明和问题解决方案，仪式和评论等。（Gardner，1985）

---

❶ 霍华德·加德纳（Howard Gardner），美国发展心理学家，以其创立的"多元智能理论"而闻名全球，现为美国哈佛大学教授，著有《智力的结构：多元智能理论》等作品。——编者注

在此，我们可以在八种智能（表征系统）和可视化工具之间建立某种相关性。头脑风暴网络图、组织图和概念图可以直接促进语言、逻辑－数学、视觉－空间、人际、自我认知等智能的发展。这些图作为可视化工具，在对信息进行空间建模的基础上，支持着语言网络的建构和逻辑处理；也为人们提供了一系列交流框架，框架中包含思维、视角、情感模式、心智模式等。它们成为反映大脑工作的一面镜子，促进着个人的内心对话和自我评价。最重要的是，可视化工具成了跨越多元智能的观点融合器。

除了简单地把不同智能联系在一起之外，可视化工具还具有更深层的作用：大脑－思维是一个检测、建构模式的"结构－过程"有机体，而可视化工具是感知、思考、感觉所有智能的基础。人际关系智能和自我认知智能以及沟通，是世界上行为和"情感－智力"反应的框架。可视化工具作为基础的模式化工具，支持着学习者从所有符号系统中寻找模式，因为这些符号系统在图式中紧密相联。正如霍华德·加德纳（1985）所提出的：

> 图式是在发挥作用的智能，它们指导着对感官输入的分析……图式决定了关注的焦点是什么，从而决定了什么会进入意识范畴。当受到焦虑等情绪驱动时，图式会给自身施加特殊的压力。

提出这些交叉重合的观点，我想说的是，既能整合不同智能，同时又能将它们区分开来的是大脑－思维图式，即由关系、模式及相互依存性构成的网络。

○ 思维习惯

那么，我们如何理解和"聪明地"回应我们面前的模式呢？我们的思维习惯是如何注意到大脑发现的以及思维组织的所有模式的呢？

卡普拉（Capra）等众多西方哲学和教育评论家指出，研究生命系统的传统范式主要是基于对结构的研究，我们的教育系统也当如此。在课堂生活中，学生们一直常被问到的是"这个系统的组成部分是什么？"而不是"这个系统的各个部分如何相互作用？"现在，我们逐渐转变，不再要求学生们生搬硬套某个课题中互不相干的各部分，而是提供另一种看世界的方式——要求学生们展示某个系统互不相关的部分如何整合到动态模式中。"发现世界上事物间相互联系的本质"这一观点并不新鲜，但"我们需要在现有形式之外找到另一套可视化工具构成的表征系统"，这个观点却是崭新的。

教育工作者正转向关注更多的过程问题，从对结构的研究转向对模式和过程的综合研究，我们也将改变或增加用于理解、建构、交流知识的基本工具。从某种意义上说，我们正处于这样一个让学生们习惯于模式化思考的过渡时期。

我们的思维如何对刺激作出反应，取决于我们在头脑中存储的相互重叠、相互关联的图式，但我们的思维并不是被动的，我们会就如何反应做出决定——通常是无意识的。这种决定由思维习惯引导，亚瑟·科斯塔博士对此作了全面描述和研究。想想以下几种行为和思维习惯：

- 面对超负荷的信息时，我们会*冲动*吗？
- 倾听另一种观点时，我们会产生*同情心*吗？
- 在不熟悉的环境中，我们能*灵活*应对吗？
- 解决问题时，我们能*有条不紊*吗？

这些是科斯塔确定的16种思维习惯中的4种，学生、教师和管理者将这些思维习惯作为课堂和整个学校的具体准则，并认为它们能极大地提升思维能力。

- 坚持不懈
- 控制冲动
- 怀着同理心和同情心倾听
- 灵活思考
- 思考思维本身（元认知）
- 力求精准
- 质疑并提出问题
- 将过去的知识应用于新情境
- 清晰、精确地思考和沟通
- 通过各种感观收集数据
- 创造、想象、创新
- 怀着好奇心和敬畏之心应对
- 愿意承担责任和风险
- 有幽默感
- 协同思考
- 敞开心胸不断学习

亚瑟·科斯塔和贝娜·卡利克（Bena Kallick）在《激活和运用思维习惯》（*Activating and Engaging Habits of Mind*，2000）一书中，为我们考量提升思维的重要性提供了指导：

> 在思维习惯的教学中，我们感兴趣的不仅在于学生知道多少答案，还包括学生在不知道答案时作何反应。我们想要观察的是学生如何生成知识，而不是如何简单地复制知识。智能人类（intelligent human beings）的一个关键属性是不仅拥有信息而且知道如何根据信息行事。根据定义，任何无法立即得到解释的刺激、疑问、任务、现象、差异都可以是问题。而

> 智能行为（intelligent behavior）是对这些问题和困难的反应。因此，我们想要关注的是学生面对具有挑战性的情况时如何表现，例如：对立情况、两难困境、悖论、歧义、难以理解的事物等。解决这些问题要求学生具备解决问题所需的策略性推理能力、洞察力、毅力、创造力和动手能力。

当我们运用可视化工具时，将会更加理解这一洞见和这 16 种思维习惯。我们还会清楚地发现，通过设计和使用不同类型（功能和效果也各不相同）的可视化工具，能积极地促进和激发不同的思维习惯。观察每种可视化工具（头脑风暴网络图、组织图和概念图）在课堂实践中的作用时，我们会清晰地发现，每一种可视化工具都与多种思维习惯之间存在着一种普遍的相关性。（想要了解更多，参见科斯塔和卡利克写的关于海勒的文章。）

总的来说，我发现头脑风暴网络图侧重于提升创造性思维，组织图侧重于提升分析性思维，概念图直接受元认知理念塑造而侧重于对创造性思维和分析性思维的综合。这个观点在后续章节中有具体例证。图 2.1 是我创建的树状图，展示了上述三类图形之间的关系。对这 16 种与可视化工具相关联的思维习惯的看法，当然不是"一成不变"的，我只是把它作为思考可视化工具用途的一种方式，以及作为开始区分不同类型的可视化工具、辨别作者如何创造可视化工具、判断可视化工具如何应用于课堂的方式。我们还将在后续章节评价每种可视化工具时，进一步讨论思维习惯和可视化工具相互作用这一观点。

引入科斯塔的思维习惯，让我们更清楚地认识到可视化工具在课堂上的重要性和有效性。本章我们已看到有确凿证据表明，可视化工具能够有效提升教学质量及不同年级学生的各科学习成绩。但我们还需自问：作为教育工作者，我们除了关注具体结果记录的以及学校评价的可测试效果和学生成绩外，关于可视化工具我们还了解什么？我相信我们还能了解更多，我相信每一位教师及学生家长也深信这一点。教育的目标必须是，使学生在离开学校时，掌握目前还没有被明确教过或测试过的能力：超越课后作业、命题作文和各学科的事实性信息测试的创造性思维能力、分析性思维能力和概念性思维能力。这些思维能力都可以通过形成好的思维习惯得到提升。

图2.1 思维习惯树状图

下面我们将讨论不同类型的可视化工具的更实际的应用，同时思考这个问题：我们如何帮助学生运用可视化工具创造性、分析性、反思性地将每门学科的信息转化为活性知识？

第三章
运用可视化工具

○ 厘清混乱的术语和工具

可视化工具的多样性让人振奋,而且在全美乃至全世界的课堂都得到了成功应用,但与此同时,这些工具的术语和定义也让教师觉得颇为混乱。下面这些术语常被用作同义词:网、蛛网络图、聚类图、思维导图、语义图、认知图、故事图、图表、模板、组织图。此外令这种混乱更甚的是,可视化工具的用法也不尽相同。有些工具用法较为连贯一致,而其他工具则是从网站下载副本,其应用极其有限且单一。

部分可视化工具只能通过软件程序才能运用,如 Inspiration® 软件、OmniGraffle®、STELLA 软件。部分教学措施如概念图、思维导图、思维地图、"可视化单元框架教学法"等,已经演化成需要进行专业研发,功能强大、全面的可视化模型。这些模型可能会得到深入研究,继而在所有学校及学校系统中成为学习的平台。简而言之，后面章节中描述的很多模型都是通过研究和实践发展起来的，并且显著地提高了学生的学习成绩，而其他的图只是学生填写的作业纸，它们不要求学生思考，往往也提高不了学生的成绩。一般来说，可视化工具仅从图形上看，是无法判断其复杂程度、意义及效果的，只有通过实际运用才看得出来！

多年来，许多教育工作者已经习惯了专业发展研讨会把绘制头脑风暴网络图的过程作为"热身"，或者习惯了教科书上重复出现的图形。他们看见新的可视化工具和模型时可能会说："噢，我们以前做过这个。"这种态度情有可原，因为乍一看，这些可视化形式大多看起来大同小异。但不同的可视化工具的使用范围可能相去甚远，彼此的差异也很大。每个可视化工具或可视化工具模型的确切定义，通常在于怎样向教师和学生解释、介绍它，之后他们如何交互使用它，而不在于它在静态页面上的样子。

本章介绍了可视化工具，并讨论了它们在使用过程中的共性问题。本书开篇即对这些可视化工具作了概述，请再花点时间重新阅读概述部分文字，并回顾其中的树状图（见概述图1）。本章对可视化工具进行总的介绍之后，将围绕一般性指导方针，探讨可视化工具引入课堂或学校的实际问题，这些问题包括在你的学习环境中评价可视化工具的步骤、如何向学生介绍可视化工具的建议、如何引导学生选择恰当工具的问题，以及协作学习中可视化工具的应用概述。本章所提出的问题，可以作为后续章节的阅读指南。故而，对本书要探讨的三种可视化工具，本章是对它们进行深入讨论、全面观察的起点。

○ 特定内容的可视化工具

此后三章之所以要厘清不同类型的可视化工具，并对其进行定义，其中一个原因是，如果学生、老师和管理者——乃至出版商和研究人员——还不着手讨论可视化工具共同的益处和最佳用法，可视化工具长远的潜力和意义会被削弱。这些工具现在已被成功应用于不同学科，提升了人们对特定内容的理解力及跨学科理解力（尽管大部分情况下，这些工具的使用情境是相互脱离的）。例如，在科学领域，学生可以运用层级概念图开发关于如何理解科学概念的可视化心智模式，教师用那些心智模式来评价学生对概念的认识是否正确；数学老师们对图表的使用早已不限于维恩图（Venn diagram）了，他们已然成为推动学生使用可视化建模（visual modeling）（如流程图和流程表）来解决问题和理解概念的引领者；在进行跨学科阅读理解时，学生使用可视化支架，即故事图，去分析、综述隐藏于一页页文本里的有意义的思维模式；在有些学校的写作步骤提示中，越来越多地推荐使用头脑风暴网络图或思维导图。如今，基于思维过程的地图已经被广泛使用，这些图使学生能够以工具的形式跨学科迁移❶复杂的思维技能。这些工具的用法交叉重叠，不过还没有人通过调和这些工具的用法，去帮助学生理解每一种工具。

当然，即便没有人进行协调，部分工具也已被人们成功运用。但是，如果某个学校或地区，在辨别、共享这些工具的最佳用法以及统一部分常用可视化工具等方面，做出哪怕些许努力，学生运用这些工具的品质将呈指数级提升。用过可视化工具的老师们普遍反映，学生使用可视化工具后，其表现发生了变化，而这种变化常被低估，也未纳入评价，即：享受智力挑战。也有证据表明，有特殊需求的学生也用这些可视化工具感受到了挑战智力的乐趣，当班上或学校所有学生运用共同的可视化工具时，尤其如此（参见第七、八章思维地图）。教师鼓励学生独立或在协作学习小组中一起运用工具，主动地、可视化地建构"全面"的想法和观点。可视化工

---

❶ 迁移，在心理学领域指学习迁移，具体指在一种情境中习得的技能、知识或态度，对在另一种情境中要习得的技能、知识或态度的影响。比如在学习语言过程中练就的敏锐的听力，对学习乐器演奏有促进作用。——编者注

具的运用改变了课堂状态,使被动学习变成主动学习、互动学习,这一点所有人都能感受到。

○ 定义可视化工具

从历史上看,最常用来指代可视化工具的词,不是"语义图"就是"组织图"。组织图的简明定义见于约翰·克拉克写的《思维的模式》(Patterns of Thinking, Clarke, 1991)。这是研究可视化工具的理论和实践最全面的文章之一,是有兴趣全面研究可视化工具的教育者的必读文章。克拉克将组织图者定义为:

> 在纸上排布字词,用于表征个人理解或文字间的潜在关系。写作惯例或句式结构使得大多数文章呈线性形式,而组织图的形式则源自对各种观点之间的关系的推测。

虽然这个定义简明扼要地阐述了部分组织图的开放性和衍生性,但"组织图"一词并不足以完全概括这些工具的多种类型和用途。"组织图"一词意味着这些图形只用于组织信息。其实,许多可视化工具尽管被称作"组织图",但它们可能用于头脑风暴,寻找开放式联系以及有意识地延缓组织过程。也有其他可视化工具的设计,已经超越头脑风暴和组织观点的功能,专门用于促进对话、换位思考、引导学生思维、元认知、理论发展和自我评价。遗憾的是,运用组织图最糟糕的情况是——学生重复使用预先制作好的组织结构图,比如在活页纸上的方框里"填空"。如今,大多数出版商都打包式地提供填空型图表,而这些图表的用法过于简单,促进智力发展的作用也有限。自练习册、黑线大师、复印机发明以来,这类教学活动很常见。虽然在某些特殊情况下确实有用，但其实跟填活页表区别不大。

另一个词"语义图"，也一直以来被用作图形表征领域的代表。但从历史上看，这个词主要用以描述用于写作过程和语言艺术指导的头脑风暴网络图。而可视化工具的使用如今已远远超出语义领域。无论组织图还是语义图，两者都不能令人满意地展示"可视化工具"这个短语所能提供的创造性和广泛用途。"工具"这个词表达了这些可视化工具的核心特质：即在学生手中它们是动态且富有建设性的。

"工具"一词，对可视化工具的定义至关重要，它阐明了本书未涉足研究的内容。许多可贵的图形表征方式，主要用于在对问题深思熟虑后存储、绘制或呈现信息。这类表征形式包括矩阵图（matrix diagrams）、表格、基础图表（basic charts）、坐标轴图（axis diagrams）、条形图（bar graphs）及饼状图（pie diagrams）。尽管这些类型的图形可用于分析，也有助于开展评价及完成其他复杂任务，但它们却常被用作未知信息的替代符号，并没有被切实地当作富有建设性的工具使用。

我们可以这样来理解图形表征的工具属性——想想"工具"这一概念的潜在隐喻。此处所用的"工具"一词，其含义源自建构主义哲学和心理学。工具的含义基于若干个隐喻，其中一个核心隐喻是：学生积累知识就好比木匠用木头、钉子、混凝土、玻璃等材料建房子。木匠要具备塑造、建构这些材料的实操能力才能接这个活。这些能力——既包括各项独立的技能，也包括通用策略——是从长年不同的工作经验中累积而来的。大多数工作场合中，木匠团队在师傅的指导和监督下学徒、工作，那师傅就是经验丰富、专业能力强、有责任心、有执照的包工头。木匠到达工地后要做的第一件事就是戴上工具带，上面有锤子、螺丝刀、卷尺和其他必要的工具。这些工具是木匠手艺的基础，木匠娴熟地使用这些工具，直接制作材料，进而建造成品。同理，学生走进教室时也需要一条类似的"工具带"，里面装满了各种各样的可视化工具。这些工具定义准确，契合学生的发展，并且学生可以灵活使用它们建构意义。

○ 理论内置工具

每个可视化工具在其开发、定义和使用过程中都明确地体现了一个或几个过程，就像锤子明确地体现了锤击的过程一样。反过来，这种过程的明确性又暗含着支撑这个工具的基本理论，这种工具也被称为"理论内置工具"（McTighe & Lyman，1988）。麦克泰和莱曼介绍若干学习工具（包括他们所称的认知图）时，汲取了纳撒尼尔·盖格（Nathanial Gage，1974）的研究。纳撒尼尔·盖格曾提出教学工具的四项必备条件：

- **心理有效性**——能够反映教学相关的已知内容；
- **具体**——能够体现材料和设备中的知识；
- **与教师相关**——对课堂有实用价值；
- **随学习类型而有差异**——工具的类型与学习某种技能、概念、过程或态度的最佳方式之间存在的一种关联。

这四项属性是非常有用的过滤器，它帮助我们思考可视化工具和学科知识之间的区别，以及可视化工具和技能或过程之间的区别。

用这一过滤器来审视本书所研究的可视化工具：

- 具备**心理有效性**，因为这些工具以教学过程的现代知识为基础，尤其是图式理论、各种学习理论及大脑研究；

- 与知识是如何形成的，具体相关，因为它们立体地呈现了知识，从而使知识具体地呈现出来；
- 与教师相关，因为学生每天会用这些工具来学习各学科知识并完善思维过程；
- 具备差异性，这些可视化工具的不同类型，直接关系着人们感知知识、理解知识和用图形呈现知识的不同方式。

那么工具与技能或策略的区别是什么呢？可视化工具既不是内容也不是过程，它提供了第三种方式：一种内容和过程相结合的形式。它们是学习者将信息具体转化为活性知识结构的工具。具体来说，可视化工具本身并不是技能或策略，就像没有人说锤子、锯子或螺丝刀是木工的"技能"。"在木头上切割出精致的图案需要灵巧的手，同理，绘制生态系统的反馈流程图则需要娴熟的思维能力。"因此，可视化工具是教师和学生们可用来技术性、战略性地建构学科知识的工具。

○ 可视化工具的类型

我们可以依据很多方式来分类可视化工具，如它们的用途、建构图形的规则、灵活性、理论基础，以及更实际的方面，整合到课堂中以实现特定目标的方式。本书中的分类，是依据几种可视化工具的具体实用目来确立的：其形式往往遵循其功能。这些工具所具有的三大显著但偶有重叠的功能分别是：激发创意、用图形组织信息和概念发展。

前文的树状图（参见概述图1）展示了可视化工具的三种类型，每种类型都给出了例子。有趣之处在于，我们可以轻易看出可视化工具的每种功能都反映了特定的教育理念：

- 头脑风暴网络图有助于培养个人及团体的创造力；
- 组织图有助于培养基本技能和学习学科知识的能力；
- 概念图有助于促进认知发展，提升批判性思维。

在这三大类型的基础上，又出现了思维地图语言。思维地图是这三种可视化工具的综合体。思维地图由八种基础图形组成，把头脑风暴图、组织图和概念图整合成一种独特的学习语言。

在本书后续三章中，将分别对这三大基础类型进行广泛的哲学描述。这些分类是作为区分可视化工具的方式而提出的，以使每种类型在运用时功能明确，并在合适的教学活动中得以更好地组合使用。后续三章涉及的一些工具，它们的部分开发人员，可能会认为他们图形工具是能支持三大功能中的两种或全部的。这是对本书分类结构的合理异议。但请记得，这些分类并不是彼此完全排斥的。而且，应用这些工具时根本没有"最合适的"层级设计顺序。学生进行某项学习活动时可以先使用组织图，再使用头脑风暴网络图，最后使用概念图。而那些掌握了思维地图用法的学生，可以像工具高手一样，在各种不同形式的可视化工具之间游刃有余地切换。

○ 检查你的工具箱

在研究这几类工具之前，学校的所有教师和课程协调员可能需要审视当下的学习环境和以往经验，以确认可视化工具是否已经得到应用。在开始我们的探讨之前，实践者还必须考虑一些关于使用不同工具的基本问题，这一点也很重要：

> 怎样向学生介绍可视化工具？
> 如何选择最恰当的工具？
> 如何将这些工具与学习相结合？

这些担忧、疑虑和建议为本章的其余部分提供了框架。

要把可视化工具引进课堂乃至整个学校，第一步是要注意甄别现有工具的使用情况。基于已有的经验和成功案例，重点关注你发现或你认为行之有效的工具。这种分析和实例归集将帮助你阅读本书。请思考下列问题：

> 你现在是如何使用可视化工具或图表、饼图、维恩图和流程图等其他图表的？
> 其中哪个最有用？为什么？
> 如果你和你的同事已经在使用可视化工具，那么你使用的是哪种类型的工具（头脑风暴网络图、组织图、概念图）？
> 你是不是偏爱其中一个工具？为什么？
> 你的学生喜欢使用这些工具吗？
> 这些工具能否与学习环境相得益彰？
> 问问你的学生："这些可视化工具对学习有何裨益？"
> 学生能否自主灵活地跨学科使用这些工具？
> 没有你的指导，学生会使用这些工具吗？
> 在学校里，同样的可视化工具有什么共同的用途吗？
> 以前的课堂上未能持续使用可视化工具，这是否让你的学生感到困惑？
> 教科书里建议使用哪种可视化工具？这些工具有实际意义吗，还是仅

> 仅是附加活动?
>
> 　　工具的定义与其用途匹配吗?不同过程中会使用同一种可视化工具吗?
>
> 　　哪一种可视化工具的出版材料和专业开发资源,对你的学生、教学和学校最有帮助?
>
> 　　你所在的地区、郡县或州教育局,将可视化工具整合到课程指南和评价工具中了吗?

以上每个问题,都蕴含着一些显而易见的假设。它们提出了可视化工具运用中的一些问题:类型和数量的广度、交互性、灵活性、一致性、自主性、意义,以及与评价的融合性。当我们研究不同类型的可视化工具时,这些问题就会浮出水面。虽然这些问题没有绝对的答案,但一些常识性的反应和研究体现了课堂和学校里的最佳实践。

○ 选择适合的可视化工具

随着课堂智能工具箱里的工具越来越多,选择最合适的工具变成了一个有趣而幸福的烦恼,但这个问题只是短期的,因为学生们在不断练习,渐渐地便会熟练掌握每一种新形式的工具。选择一个或一组恰当的可视化工具,就如同木匠在考虑如何构造结构时所面临的挑战。木匠必须优先考虑的是所需工具应与最终目标或结果匹配,这个目标或结果就是要建成什么。放眼本书后面的章节,在向学生介绍可视化工具时,也许你有必要考虑一下以下问题和建议:

1. **哪一种可视化工具,最能支持研究或学习目标?** 明确活动目标以及对学生的期望，对选择可视化工具来说至关重要。例如，如果你期待学生就某个项目或某篇文章生成观点，可以使用头脑风暴网络图；如果你想让学生以一种非常具体的方式来组织信息，如解方程的确切步骤，那么组织图可能会起作用；如果你想让学生独立地运用某个思维过程，如比较文章选段中的两个角色，那么概念图就可以满足需求。如前所述，选用可视化工具并没有通行的顺序可循。

2. **不同阶段的学生需要什么形式的工具？** 一旦你确定了匹配你目标的可视化工具，接下来就需要考虑工具的形式了。对低年级的小学生而言，图表必须大到可以画图，且需要口头引导，使用彩色蜡笔和钢笔也有助于画图。对所有小学生来说，可视化形式（如圆、矩形、三角形）的种类越少越好，太复杂、密集的可视化工具在任何层面上都会失去它的实用性。对小学高年级学生和中学生来说，清晰地指导他们理解独立使用可视化工具的原因及步骤非常重要，这样他们才能有效地使用工具。

3. **一个班如何交互使用工具？** 决定怎样使用该工具是很重要的：是单人、两人一组，还是多人组成协作小组？全班都由老师来指导和辅助，还是各种方式相结合（如采用"一人思考－两人讨论－多人分享"的模式）？

4. **我们如何评价工具的有效性？** 在你和你的学生练习和使用某种可视化工具后，反思它的有效性很重要。你们可能想要评价这种工具是否促进了学习和思考，以及它是如何促进的。

5. **全学年都会使用这一工具吗？会与其他可视化工具配套使用吗？** 如果你坚持整个学年持续使用特定的可视化工具，那么将它引入、改进并融入到教学、评价的过程中就非常重要。如果你这样做，就是在告诉学生你想让他们掌握这一工具，以便他们日后可以独立运用。那么，别犹豫，立即让他们知道，你期待他们有规律地使用这些工具，最终实现自己掌控自己的学习。

○ 学生掌握可视化工具的重要性

用过可视化工具的人最常见的共识之一就是，它们与静态图形的显著区别在于学生能够用这些工具独立、灵活、互助地构筑知识体系。学生掌握这些建构工具，能够主动生成意义，这一经验本身就是收获。

阅读后面的章节时，想想如何向学生介绍可视化工具，使他们能够流畅地用图形来表达自己的想法。如果你想让学生完全掌握某种工具，那就有必要以某种形式系统地介绍这种工具，接下来才是建模、实践和指导。

有一篇关于组织图如何用于跨学科阅读理解的文章提供了以下介绍可视化工具的步骤。记住，本书介绍的所有实践文档都是模型，而非黑线大师。该步骤对图表在任何学科的使用都有指导意义：

> 1. 至少提供一个完整图形大纲的优秀示例。
> 2. 示范如何创建相同的图形大纲或将要介绍的图形大纲。
> 3. 提供过程知识。
> 4. 指导学生。
> 5. 给学生练习的机会。（Jones，Pierce & Hunter，1989）

要注意的是，琼斯（Jones）等人描述的不是打印在纸上供学生解答或填空的像活页练习题那样的"组织图"。首先，学生们要学习如何绘制、修改、扩展和操作可视化工具，之后才能根据文本或其他学习资源自行建构知识。同时还应要求学生回顾、反思和评价他们正在进步中的使用可视化工具的能力。

图 3.1 提供的示例展示了，一位四年级教师如何在几天内向学生介绍组织图。这样的任务常见于幼儿园乃至大学的文学课中，它要求学生将研究故事的情节发展

作为分析故事的一个特定维度。把情节发展图（Rising Action Organizer）首次介绍给学生时，要用学生已读过的故事。需要注意的是，重点是，在过程、指导和练习步骤中，让学生以独立、两两合作或小组合作的方式使用工具完成家庭作业。还应要求学生口头描述他们是如何运用组织图来理解信息的模式的，并比较各自的解读。

目的：使用"情节发展图"来辨别、分析导致故事高潮和结局（或终场）的重要事件。

1. **示例**：把学生们已读过的一个故事，分配到这个完整的组织图中。

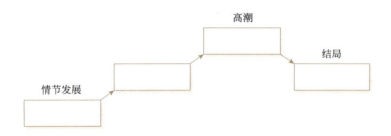

介绍每个方框上方的词（重要事件、高潮、结局）的含义，陈述使用这种组织图的目的，以及这一工具会怎样有助于学生以有意义的方式组织故事情节。

2. **示范**：与学生一起读一个新故事，阅读时依据这一组织图向他们提问。读完故事后，在黑板上逐步绘制一个"情节发展"组织图，但不需要学生参与。先从"高潮"这个方框开始，解释你对故事高潮的理解。（这一过程示范了你使用这种工具的元认知过程。）再依此展示、讲解故事的情节发展和结局。要求学生提问，你来澄清。

3. **步骤**：演示完毕后，请学生在纸上创建"情节发展"组织图。让学生自己画，这样他们才能迅速学会使用并掌握这个工具。讨论为什么要从上端开始画，为什么只用长方形，再把故事中的词汇连接到可视化工具中。讨论可以做哪些修改，如有没有必要再添加其他方框等。

4. **指导**：次日，让学生读一个新故事，并以"一人思考-两人讨-多人分享"的形式组织学生创建一个"情节发展"组织图。两两一组创建组织图时，教师可以在教室里来回走动以便指导他们。请几组学生向全班同学分享他们的组织图，讨论他们对组织图的不同理解以及他们是如何使用这个工具的。

5. **练习**：利用每次阅读节选内容的机会，反复运用组织图。在家庭作业中布置组织图任务，让学生空闲时自己练习。

6. **思考**：让学生讨论可视化工具的有效性，以及如何在历史等其他学科使用该工具。

图 3.1　介绍一种可视化工具：特定任务组织图——"情节发展图"

对低年级学生，这个过程要做一些调整。例如，老师可能会先给所有学生分发一张部分图形已经画好的组织图，让他们在每个方框里画图、写几个单词。要填写的任务词汇可以简化为"开始、中间、结尾"，而不是"情节发展、高潮、结局"。此外，示范阶段可能会持续数周，直到学生——甚至是幼儿园的孩子——能够自己画方框并开始独立使用可视化工具。

如果学生完全掌握这种可视化工具，这一变化对老师来说意味着什么呢？第一，学生掌握了一种观察任务中重要关系以及相关词汇（本例中的相关词汇，即情节发展、高潮、结局/终场）的具体方法；第二，当学生使用这种工具时，教师可以通过审阅他们完成的组织图来有效评价他们对故事模式的看法，而在没有可视化工具的典型课堂上，老师常常需要依赖于直接提问或学生书面回答，不过多数情况下，老师只有让一两个学生回答问题的时间；第三，学生之间的讨论和对话得到了鼓励，因为学生面前有可视化的表征形式，因此可以图形和口述方式分享他们的想法；第四，教师可以用黑板或投影仪上的相同图形引导学生讨论。

○ 节省时间

一旦学生学会了如何使用可视化工具，老师和学生就能节约每天在学校的最宝贵的资源：时间。节省时间在三个方面：

- 第一，学生能更独立、有效地完成学习任务，老师能少花时间来解释术语和概念。
- 第二，在教学过程中，教师可以快速评价学生与课程相关的思维模式，从而使教学切实有效、重点突出。

- 第三，全学年结束后，学生收集的运用可视化工具的文件夹，为教师提供了省时、高效地评价每个学生及小组进步情况的方法，使更正式的评价得以实现。

可能，节约的时间最多的是评价环节。可视化工具为教师提供了学生思维的直观图，同时让学生得以利用可视化工具进行自我评价。我们难以评价学生的一个主要原因，不是我们没有意识到评价任务的深意和重要性，而是因为这项任务非常耗时，而学生的口头或书面能力可能与他们的思维能力不匹配。在下一章中我们看到不同的可视化工具时，会发现每种形式都有其独特的几方面，这些方面能帮助学生有效而深入地进行反思和自我评价。

○ 通过协作小组建构知识

在仔细研究每种可视化工具的实例之前，需要考虑的最后一个问题是可视化工具对协作学习是否有效，或者更具体地说，这些工具如何帮助群体共享和建构知识。以下是对在交互式、包容性的课堂中使用可视化工具的简要总结。这种情况下，可视化工具在个人、双人、协作小组及全班等多种学习结构之间不断切换。

个人分享

有了可视化工具，学生可以先单独思考，再与协作小组分享自己的想法。这个过程促进了可视化对话：学生们有了向同伴传达思维全局的方式，而不再单纯依靠线性的演讲或写作。对那些不善于表达自己想法的学生而言，可视化工具是一个平台。在这个平台上，他们可以通过双人任务组或团队的形式更充分地表达自己的想法。可视化工具也为每个学生（他们完成特定任务的能力、水平各不相同）形成并展示他们的思维提供了一个情感和智力上的"安全港"。

协商意义

在双人小组或协作学习小组中，学生用可视化工具协商意义，不再单纯模仿老师提供的原有知识。可视化工具成为一种载体，用于深化和表达信息如何关联的个人观点、分享多种立场和意见、细致讨论不同的文化理解和参照框架。对同龄人组成的小组或持有主导性观点的个人来说，否定几句话里陈述的不同观点，要比否定一个由互相联系的多个论据支撑的不同观点，容易得多。在一个包容性的课堂里，所有的学生都可以与他人分享他们的想法，从其他学生的图形中吸收新的信息，这时他们自身对内容和过程的理解也得到了加深。

保持专注

俗话说，空谈廉价。对一些学生偏离了当前任务的协作学习小组来说，这忠告尤具现实意义。可视化工具为学生提供一种可选择的具体的结构，让他们全神贯注、持之以恒地投入到跨学科项目中，或一起对信息进行加工直至形成成品。

教师对学习小组的帮助

教师可以通过建议学生使用某些可能最有用的工具来帮助、指导学习小组建构知识。之后，老师逐个观察学生想法的变化发展、给出提示性问题、指导学生发展思维和概念。这样一来，老师通过观察思维进展而非通过提问来评阅小组的工作，对学生的干扰较小。

小组展示

学生常被要求向全班进行小组展示。如果班上每个人都有机会定期使用可视化工具，在这种可视化工具的帮助下进行课堂讨论或对话，学生的口头陈述会更丰富。这是因为所有人都能看到、理解组织在一起的论点和论据。

小组自我评价

一旦小组建构了知识全景图，学生就能看着他们制作的图表，去评价基于他们理解的全局观点及相关论据。不同的小组展示各自建构的知识全景图时，学生和老师可以比较他们创建的不同结构，从而更深入地评价学习效果以及其他隐藏的认知过程和形式。

○ 超越蓝图、模板和黑线大师

教师、课程设计者和命题人都须问自己一个重要问题：知识的蓝图在谁手里？以木匠为例，包工头给他们提供建筑结构蓝图以辅助工作，在建造过程中，木匠可以选择使用某种技能或在细节上微调，但每个人建造的都是有预设结果的建筑。这一点对大多数木匠来说不是问题，但在教学中要实现预设结果却是个难题。

随着课程标准越来越严格——标准化测试仍然很重要——可视化工具的特质和运用，促使结果问题浮出水面。从定义上看，许多可视化工具都蕴含着"学生主动建构知识和建构理论"这一价值。而这突出了建构主义中的一个尚未解决的难题：教育者是否致力于给学生提供工具，用于批判性地分析公认的"真理"及建构新知识，还是说，我们只是给了学生足够的技能和工具去把知识"框"在旧模式范围内？

可视化工具提供的只是解决这个难题的众多答案之一。通过学习和使用可视化工具，学生被赋予机会和责任，积极、严谨地去建构并展示他们如何将学科信息转化为概念性知识。通过使用可视化工具，教师得以清晰地呈现他们认为与学习相关的必要关系。教师和学生一起使用可视化工具，使他们可以在课堂上活跃地对比、协商并清晰地呈现他们认为正确的含义。而这一协商的过程，便是教学实践的核心。

本章概括的许多问题我们在下一章研究三种可视化工具时，会进一步探讨。当你阅读后面的章节时，请考虑这一点：可视化工具事实上并不是让学生遵循的蓝图，而是他们用来将信息转化为知识的工具。

第四章
提升创造性思维的头脑风暴网络图

高度发达的洞穴绘画自人类诞生之初就已存在,成为古代人类族群以可视化形式向后代展示他们世界的方式。如今,随着书面语言构成读写文化,我们慢慢步入可视化表征形式与语言表征形式融合的新时代,这种融合为学习者展现其思维并建构心智模式提供了必不可少的手段:这种可视化表征形式丰富多彩、生动形象,往往有其特殊性,通常需要合作完成,细节极为丰富,符号与意义间的相互联系极为复杂。

如本章所示,头脑风暴网络图及许多丰富多彩的图形表征形式,都源自创意绘图与语言的结合,通常从纸张或电子页面中心向外延展。本章大多数的技术和例子都使用了素描图、绘图、图标、几何图形(如椭圆、方框、连接线)——将所有这些与关键词相结合。在小组中创建或在课堂上使用头脑风暴网络图,也许存在一般性的指导原则,但最主要的原则是:使这些可视化工具成为与众不同、具有高度生成力和创造力的思维表征形式。当每个学生都能自如地生成自己的想法时,这种方法有助于应对学习分化,并可以作为教师观察学生独特思维表征形式的显微镜。头脑风暴网络图拥有强大的生成能力,但如下文所述,缺乏通用的图形结构也会使这种可视化工具形式,成为课堂上师生交流的障碍。

绘画是创造力之网的关键,此门一开便会文思泉涌。举个例子,拉娜·伊斯雷尔,一个自称"生活在佛罗里达州迈阿密的13岁小孩",进行了一场实验,该实验由两部分构成,是她写的关于思维导图的作品《儿童的脑力》(*Brain Power for Kids*,Israel,1991)的核心内容。作为一项研究绘图及其与大脑关系的学校科学项目,拉娜先要求她的同学们写了一篇以"我最理想的一天"为题的演讲稿,随后又向他们介绍了东尼·博赞的思维导图技术,并要求他们参照这一具体绘图流程进行练习。以下是在这两个过程中,拉娜记录的部分同学的回复。

写完草稿后,同学说的话:

- 相比观点,我更担心拼写。
- 我写得不够快。
- 我没办法回过头来再添加想法或进行扩展。
- 我担心整洁度。

画完草稿的思维导图后,学生说的话:

- 我脑筋动得很快,感觉更有创造力了。
- 我很容易就看到了观点之间的联系。
- 我总能把所有想法归结起来。
- 我洋洋洒洒写了很多。

即使从这个不算正式的实验中也可以清楚地看到，写作经常妨碍大脑思考、创造乃至建构逻辑联系的天然能力。而头脑风暴网络图提供了一种促进思维自由流动的表征系统。

○ 信息流和知识流

在这个新的世纪，学校、职场、自由职业构成的技术世界交叉重叠，使得人们需要一套不同的工具——智力知识工具，它不同于手工业者的工具，也不同于过去几百年工业时代的工具。从穴居人到网站管理员，我们已经来到一个截然不同的、需要新能力、新表征系统的发展阶段，以便适应从狩猎为食到获取信息、创造知识的转变。正如托马斯·弗里德曼在其著作《世界是平的》(*The World Is Flat*，2005)一书中所详述的那样，技术进步创造了知识工作，它从根本上使世界扁平化，从根本上改变了世界，它需要新的智力工具。

在职场和学校中，我们的知识和实际事务相关的理论和现实经历，正在慢慢地转译为头脑风暴网络图这种新形式的工具。然而遗憾的是，身处新的信息时代，我们还不能像弓箭手娴熟地拉弓、农民娴熟地使用犁头、一线工人娴熟地锻造金属一样，娴熟地使用这些工具。我们现在试图将信息塑造成知识，就如同我们曾经如此娴熟地将砂地犁成耕地、将矿石冶炼成压型金属。现在，我们要能够更加娴熟地使用思维的绘图工具，以便能将信息转化为知识。

米哈里·契克森米哈（Mihaly Csikszentmihalyi）在其著作《心流》(*Flow*，1991)中将我们带回到另一个日常工作体验更具流动性的时代："比如，狩猎是一项好'工作'的范例，它本质上具有流动的所有特征。几百年来，追逐游戏是人类参与的主要生产活动"。契克森米哈带领我们从狩猎时代走到农耕时代，再到手工及家庭手工业（包括编织业——它也基于家庭进行"工作"）时代，从工业时代到后工业时代，这时：

> 这种与心流如此相同的惬意安排被第一台动力纺织机的发明以及随之产生的工厂集中生产体系残酷打破……家人被迫分开，工人不得不走出家门成群地搬进肮脏简陋的工厂，强制执行的严苛日程表让他们的工作从黎明到黄昏，排得满满当当。
>
> 如今，我们进入了崭新的后工业时代，据说工作再次变得可亲起来：典型的劳动者都是坐在一堆仪表盘前，在令人愉快的控制室里监控着电脑屏幕，而一帮悟性极高的机器人则排成一排做着所有需要完成的"实际工作"。

在后工业社会，我们尚未适应"信息"工作，就像上个世纪的工人也曾努力去适应工厂工作一样。就像早期工厂的工作条件不佳，我们的学校和工作场所配备的也是初级的"信息"工具。是的，我们中的许多人都能熟练运用计算机，但这并不代表我们人类的思维能力已经充分适应了信息时代，也不表示我们已经成为能够从信息中生产出高质量知识的专家。

实际上，我们的学生面临着信息超负荷，也就是说我们和他们现在都还不知道该如何高效、有效、聪明地处理海量信息。某种程度上，我们期望学生面对信息时，能比以往更多地理解、学习、行动、分享、合作、创造，并能在信息大潮中保持主见。很多教师接受培训都是很久以前的事情，新技术有些让他们望而生畏。他们试图"更加努力地"运用那些他们在培训中学习过的智力工具和表现方式，却没有接受过"更聪明地使用"生成知识的新工具的培训。

可视化头脑风暴的历史

在距穴居人时代久远的20世纪30年代末期,亚历克斯·奥斯本❶(Alex Osborn)在他的广告公司发起了第一次可视化头脑风暴会议。后来他写了一篇文章,概述了团队头脑风暴过程的规则,包括不评判、欢迎"奇思妙想"、多多益善、寻求进步(Wycoff, with Richardson, 1991)。如今,头脑风暴会议的集中运用在许多企业文化中发挥了突出作用——通常使用东尼·博赞的思维导图技术——不过奇怪的是,相比学校文化,职场中依靠团队解决问题以及需要快速想出办法的历史,更加久远。头脑风暴技术可以高效且有效地获取新想法或营销概念,也可用于开发新产品、新服务,还可以作为整个工程项目从头至尾的参考点。

广告作为企业使用可视化工具的指示器,纵观当今的任何媒体——报纸、杂志、电视、网络——你会经常看到将观点与图像结合在一起的图表,它们使观众既能了解观点的全局,也能了解其中的详细信息。你很少看到枯燥无味全是文字的页面。最近我看到了一个设计得酷似头脑风暴网络图的"一体化"打印机广告,打印机位于中心,向外延伸出一串椭圆。生动的大字体描述了打印机的五六个关键特质,下面的小字体则补充了宽泛且重要的事实、技术数据信息,供观众参阅。这种页面体现的信息比原本线性文本体现的信息更多;这样的信息不仅比文本屏障更"抓人眼球",而且更容易使观众接受,因为它可视化地呈现了与微小细节相关的宏观概念。这个例子清晰地表明,就用于表征信息的实际结构而言,可视化工具比传统文本更有效、更复杂、更具代表性。当然,这个例子还体现了如何把视觉–空间–语言–数字信息丰富地整合在单个页面上。

---

❶ 亚历克斯·奥斯本(Alex Osborn, 1888—1966),美国人,创造学和创造工程之父、头脑风暴法的发明人,著名的创意思维大师。——编者注

从历史上看，学校很少关注团队合作，而更多关注个人学习、成长、成就这些长期目标，因此团队头脑风暴活动较为有限。此外，学校从不推崇学生自己创造新颖的、开箱即用的概念，也不推崇对所授知识提出挑战。通常对学生学习情况的评价工作限制性非常高，这种评价一般根据学生是否记住或能否综合课本或教师传达的信息而定。但最近，学校和企业文化开始奖励那些独立思考、"打破思维局限"、进行团队合作、共同创造新的工作方式，以及某种程度上挑战既定知识和可接受真理体系的人。

20世纪70年代末以来，许多学校中日渐流行被称为网络图、聚类图、语义图、心景图、思维导图等的一系列头脑风暴技术。虽然我们经常觉得头脑风暴技术、网络图技术都极富创造性和特殊性，但显然，几乎所有这些过程都使用了类似技术：通常从页面中心点向外延伸至最外围以便涵盖全部概念，好像蜘蛛编织的圆形捕蝇网。这些技术大多激发了求知欲与艺术表达的独特融合，有助于建构知识。南茜·玛居里斯（Nancy Margulies）关于教育工作者运用头脑风暴网络图的研究最为生动地体现了这一点（Margulies，1991；Margulies & Valenza，2005）。

学校首次系统使用绘图法，是为了使学生在写作构思时思维流畅。20世纪80年代，我在加州大学伯克利分校攻读教育学文凭，进行了一项"海湾地区写作项目"，那时头脑风暴网络图的运用刚被大家接纳为一项写作构思技术。一直以来，写作的过程有赖于生成和重新组合观点，而"过程写作法"强调学生须在撰写初稿前就生成并关联大量的观点。遗憾的是，这些技术原本可以用于整个写作及修改过程，但由于只有少部分教师得到过相关的深入培训，教师和学生往往在初稿完成后、修改完善阶段开始时，就把头脑风暴网络图抛诸脑后，导致写作过程虎头蛇尾。

不过，如今头脑风暴网络图已经被跨学科运用，不再仅用于找出某个观点的初始要点。头脑风暴网络图的作用旨在培养学生思维的流畅性。流畅的、非线性的、有机的、开放式思维是学习的一个重要维度，它与流畅的口语和写作（主要以线性形式表征）一样重要。"思维流畅"这一概念是指人们在内心不同想法间、不同学科间自由流动以及在不同想法间快速建立联系的能力。这一能力是保持开放的探究心态、追寻不同观点、质疑乃至摒弃顽固观念、面对困难"迎难而上"的基础。

思维变得流畅后，学生会意识到自身的生成力思维模式，会意识到想法和感受之间难以言传的联系，还会意识到个人乃至多人的思维，在整体融汇时，各种通常不相关的观点经连接和贯通后产生了更微妙的寓意。教师的额外收获在于，作为教练他们能够真正洞悉学生的内在思维模式，这一点非常宝贵。如此一来，课堂上教学与思维之间的区别更加明显。

学校使用的许多初级头脑风暴技术都是基于对早期大脑研究的转化。这些大脑研究表明，大脑不仅仅以线性模式处理信息。思维导图法的创立者东尼·博赞的研究，就是基于罗杰·史伯里（Roger Sperry）、罗伯特·奥恩斯坦（Robert Ornstein）等人的大脑特化研究。这项研究在神经科学中发展迅速，博赞总结该研究时谈到了脑半球性的一些早期概念：

> 大多数人的大脑左半球负责逻辑、语言、推理、数字、线性、分析；……右半球负责节奏、音乐、图形及想象力、颜色、平行加工、白日梦、人脸识别以及模式或地图识别。（1979）

头脑风暴网络图的基础功能之一，是对"全脑"的综合性促进作用，这对学习过程至关重要。第二个基础功能是可视化。我们每个人都会做白日梦，都能时刻在脑海中随意联想，这是人类境况（human condition）的组成部分。当个体将这些联想落地并以可视化形式呈现出来时，个体便有了整体观察这些想法、产生更多联想、将概念和细节重组为图形、继而将这些想法以图形的形式传达给他人的能力。如此，脑海中的头脑风暴向外移动传递给其他人，从而成为协同合作的有效工具。

○ 用图像思考

天宝·格兰丁（Temple Grandin1996）的独特著作《用图像思考》（*Thinking in Pictures*）描述了一个有关思维流畅性及可视化思维的力量的极端例子。格兰丁拥有动物科学博士学位，创造了许多用于养牛业的独特且非常成功的发明。格兰丁也有严重的自闭症。正如她所描述的那样，她拥有在头脑中形成虚拟可视化图书馆的卓越能力：

> 我将信息存储在脑中，就像刻在CD-ROM光盘上一样。当我回想学过的东西时，我就回放想象中的视频。我记忆中的视频总是精准的……我可以一遍又一遍地回放这些图形、研究它们，以便解决设计问题……每段视频的记忆会以这种联想方式触发另一段视频，因此我的白日梦可能会偏离该设计问题。这种联想过程是我的思维如何偏离主题的一个很好的例子。（Grandin，1996）

虽然这是一个不同寻常的例子——当然超出了典型学生的范畴——但这项个人体验使我们能够深入了解人类的基本能力。使用特殊事例实际上是霍华德·加德纳发展其多元智能理论过程的基础。他研究了人类能力的极端个例，并根据这些案例进行推断，揭示我们所有人内在具备的这些能力。

> "把你的眼睛想象成投影机镜头，把视觉皮层想象成屏幕，屏幕快速、有序地呈现着视网膜接收到的所有日光、星光下的静止图片——视觉皮层把这些静止图片转化为一个连续的心理电影，这个电影的功能远远超过洞穴内壁上闪烁的暗影。"（Sylwester，1995）

就视觉联想、记忆、创意而言，作为从业者，我们知道许多（如果不是大多数）学生都是强大的视觉学习者。如第二章所述，大脑研究人员认为，大脑接收的信息中有 70% 到 90% 是视觉信息。格兰丁对其思维过程的细致描述放大了大多数学生经过训练并拥有正确工具后所具备的能力。然而，大多数学生上完幼儿园以后，老师给他们用于记录想法的都是横线纸。我们同样还应该给他们空白纸，用于创作思考的图像，这一点非常重要（图 4.1）。

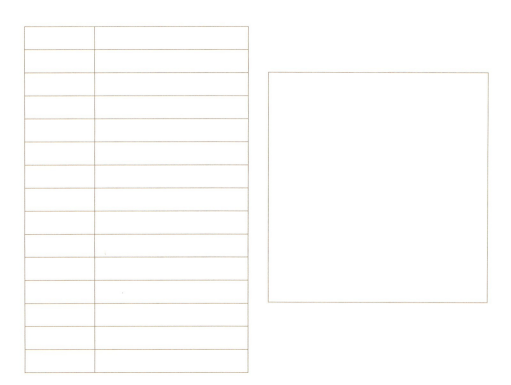

在要求学生就某个章节记笔记或写故事草稿或进行构思前，请他们取出一张白纸平放在桌上。让他们先把头脑所想的东西画在纸张中央或者用文字写出来。他们可能会画画，可能会写字，也可能只是涂鸦。随着章节阅读或信息收集的推进，请他们不断给图片添加内容。该环节结束后，请他们快速扫视眼前的纸张，然后闭上眼睛。问：你们当中有多少人画的是脑海中的画面？他们的答案会让你感到惊讶，你的学生也将在你的课堂上学习以更系统的方式使用头脑风暴网络图。

图 4.1 实验！思考的图像

○ 大脑与头脑风暴

头脑风暴网络图是大脑神经网络与思维的有意识绘图之间的天然桥梁。而网络图是思维的"辐射"能力与课堂上表征知识的典型线性形式之间的桥梁。大脑建立关系网的活动极具开放性，这些活动促进、激发着人类大脑的联想能力。许多"网络图"，与我们在图片上看到的最新的人类神经网络相似，这种相似性易于理解，也让人难忘。神经元互相传导信息，它们是构成大脑的基础元件。轴突将信息发送给其他神经元；树突随细胞体向外伸出以接收信息——以每秒传输 100 亿次的速率将神经元与神经元联系起来。图 4.2 显示了神经网络形成的复杂的树状分支形式。

头脑风暴网络图大多为开放系统，旨在"打破框架"来思考。这意味着学生创建网络图时往往没有正式的或通用的表征系统。个人的图形语言往往是在课堂上生成、发展起来的，每种图形语言都受到思考者的个性、母语和第二语言、认知风格、文化背景等因素的影响。但如果认为头脑风暴网络图不应该也不能演变成更为正式的整体性结构，那就相当于否认了这些可视化工具的深度。如本章所示，聚类图、思维导图、心景图等形式，对其开发人员而言都是生成、组织好的观点转变为活性知识的过程。随着某个图形的深入开发，这些可视化表征形式也可能成为教室或会议室中呈现信息的最终产品。

> 放射性思维（源自"辐射"一词，意为"向多个方向延展或移动，或从某个中心向外辐射"）指的是从某个中心点发散出去或与某中心点相联的联想思维过程。"辐射"的其他含义也与放射性思维有关："闪闪发亮""眼睛散发着喜悦、希望之光的神情""流星雨的焦点"——这些都与"思想火花迸发"类似。（Buzan，1996）

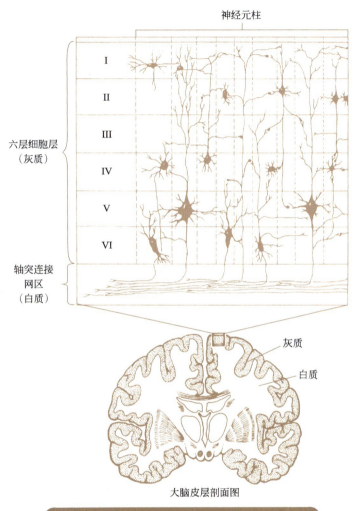

图 4.2　展示神经网络树状分支的皮层剖面图

资料来源：Sylwester, R. (1995). *A celebration of neurons: An educator's guide to the human brain* (p. 46). Alexandria, VA: Association for Supervision and Curriculum Development. 经许可使用

○ 对头脑风暴网络图的误解

关于头脑风暴网络图，最常见的误解之一是认为它的形成过程就是以可视化形

式简单地、一步到位地把各种随意联想的内容联结起来，不存在任何特殊技术。另一个误解前面提到过，即认为头脑风暴网络图仅适用于某项进程的初始阶段，完成头脑风暴后便可以把它扔到一边。许多教育工作者错误地认为头脑风暴网络图只适用于起步阶段，而不认为它是不断延伸甚至超越最终产品的一个持续过程。我甚至听到一些老师说，学生进行头脑风暴集体讨论信息后，在项目的后续过程中完全不再参考之前使用的头脑风暴网络图。因此，头脑风暴网络图常被视为静态的可视化图形，是创造力的快照，与进一步的创造、分析有些脱节，既非持续运转的视频，也非不断流动、演进的思维模型。其实，仓促结束头脑风暴，不进一步加工、完善头脑风暴网络图，会导致过早关闭大脑的开放状态。这种情况下，也许学生能够创建外在的网络图，却从未探究过神经网络深处区域与有意识地理解某个想法这二者的依存关系。

多数教育工作者只是粗略地教授这些技术，把头脑风暴网络图当作某堂课或某单元浅显的"热身"活动，这令人遗憾。部分教育工作者甚至可能将头脑风暴与思维不严谨关联起来。其实只要深入练习，头脑风暴网络图能让学生在学习某一课或某个单元的任意节点时，打破"行为主义"课堂僵化的思维模型，建构新的知识形式。在某个单元的学习过程中也可以对头脑风暴网络图进行拓展，融汇新的信息，并在该单元学习结束后将其作为评价和自我评价的参考资料。

有一点很重要，头脑风暴网络图通常由多个焦点问题（focus questions)或一个明确的目标所引导，例如"我的主题是什么？"或"我期望的结果是什么？"若干头脑风暴网络图绘制技术能够帮助人们记住细节，从而能够进一步组织、分析观点。头脑风暴网络图不仅仅是起点，它可以应用于任何一项任务，让其中的关联更加精密化。如果使用这种类型的可视化工具有什么"错"的话，那就是我们过早地要求学生结束头脑风暴网络图的绘制过程,让他们立即着手修改和建构作品,而不是激励学生进一步深化、强化他们与最初的网络图的概念联系。

○ 改善思维习惯的网

学生只需很短时间就能自如、熟练地使用头脑风暴网络图或东尼·博赞的思维导图技术。很明显,在这个过程中,以创造性思维为中心的一系列思维习惯得到了运用和强化。但教育工作者很容易将口头和书面流畅性作为重要的教学目标,我们尚未激活与人脑建构整体网络的能力相匹配的思维流畅性。

亚瑟·科斯塔提及思维流畅性的过程时,用到了新颖、原创、有见地等词语(Costa & Kallic,2000)。通过头脑风暴网络图的扩展功能不断思考并添加新的想法,我们可以将各种类型的头脑风暴网络图,用作探寻思维边界进而突破边界的工具。在商业领域里,我们称之为"打破思维框架"。这个过程也打开了科斯塔确立的其他思维习惯:灵活思考、独立思考、敞开心胸不断学习(图4.3)。

图 4.3　打破思维框架

可视化地拓展和连结观点，能够提升学生的思维灵活性和求知欲，这一点与我们期望学生养成的一个习惯密切相关：即在个人、职场、学术等学习环境之间进行经验迁移的能力。标准化的思维框架通常会将思维局限于当下的学习语境中，而绘制头脑风暴网络图能帮助学生突破标准化的思维框架。灵活、创新、协作思考等思维习惯，都是培养综合性、创造性思维的关键。本章所示的所有类型的头脑风暴网络图的核心都在于保持学习的开放性，同时它们也提供了一个"安全网"，这个网体现了生成性观点如何关联在一起，形成条理更加分明的思维和情感图象。

各年龄层的儿童或成人使用极为简单的"聚类"技术，是用可视化形式培养思维流畅性的一个良好开端。图 4.4 对聚类图作了描述，并提供了该技术的使用指南。如图所示，这种形式不需要特殊的绘图能力，也不需运用高级的头脑风暴技术。

重点是，最初的聚类图可能会演变成一张信息过载的图。当聚类图因信息、连接过多而不好处理时，要请学生删减掉部分信息，从而使该聚类图更有条理，就像大脑自然地修剪未使用的树突一样。这个过程的后期，即打造成品之时，学生可能需要删除或重组某些毫无关联的部分。不过，学生保留修改的各个版本也很重要，因为它们体现了所有新冒出来的想法。

这些技术与大多数艺术家用的方法异曲同工，因为艺术品成形之前他们会产生过量、冗余、无关的表达和概念。随后才是丢弃无用的草稿、绘图、涂鸦，处理碎片的过程。这些对创作过程而言必不可少，但是对成品来说却是多余的。

○ 制作头脑风暴网络图的软件

一直以来，在口语和书面语的框架中，思维流畅性和思维习惯是被隔离在外的。如今，我们必须跳出这个框架，才会发现，在一系列新技术和无休无止奔涌而

思维地图：化信息为知识的可视化工具
Visual Tools for Transforming Information Into Knowledge

背景： 用简单的椭圆和单词对观点进行"聚类"并用于教学，强调这个方法的第一人是加布里埃尔·里科（Gabriel Rico）。她认为联想思维、创造力、绘图、思维流畅性之间存在着紧密联系，并强调聚类法是写作构思的重要策略。聚类法的简单易操作性使所有学习者都可以逐步了解个人观点的整体流动。里科建议，在创建初始"聚类图"后，学生进一步修改其所画的图，使之变成重点更清晰的"网"，从而使思维和写作更加清晰明朗。

基本技巧

- 从一个想法开始，在中间的椭圆中写下一个短语或单词。
- 从中央开始扩展分支，在其他椭圆中添加更多单词。
- 扩展每一个椭圆，提供新的细节或新的想法。
- 使该聚类图成为一个相互关联的网络图，不要变成观点的结构化组织。

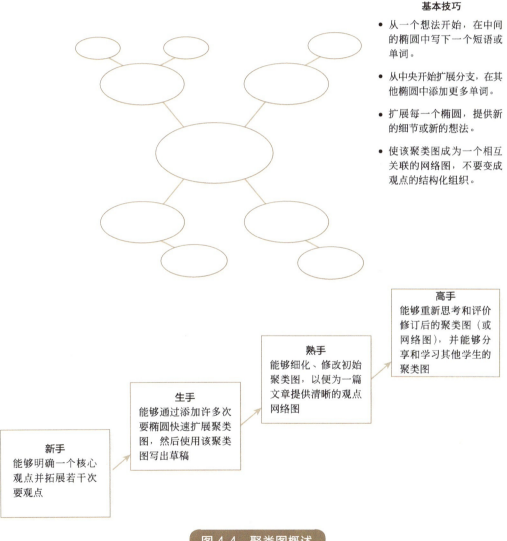

图 4.4 聚类图概述

来、未经过滤的信息环境影响下，保持思维流畅性变得非常重要。学生进入职场后，他们需要借助台式电脑、笔记本电脑、掌上电脑将不同来源的信息整合在一起，或者借助投影设备灵活地使用图形，以便在工作团队中发挥作用。随着"纳米"技术的发展，微型计算机将使通信速度更快、更易流动，图像形式的运用更广泛。

有趣的是，如今我们都认为，学生的最大需求之一是过滤海量互联网信息的能力。以头脑风暴网络图等可视化工具为基础精心设计的软件程序能够使这项需求得到部分满足。Inspiration 是一种许多学校正在用的、用于创建图形表征形式的高品质、灵活的软件程序。Inspiration 软件公司已经更新了该程序的早期版本，并增加了一个专门针对小学生的名为 Kidspiration 的版本。

图 4.5 提供的例子来自该软件的使用指南，该指南介绍了该软件如何应用于课堂并融入课堂教学。在这节示范课中，教师将该头脑风暴软件引入互动型课堂的教学过程中。课程主题为"探险的影响"。引入这个软件的目的，在于帮助学生开展小组协作学习，利用研究技术获取信息，继而分析、综合信息。你在浏览这个例子时，请留意它使用的头脑风暴网络图基本技巧：从中央开始，逐渐向外延展，引出其他内容。但是从中央向外拓展时还结合使用了其他可视化工具，例如维恩图，用于排序的流程图以及简单的因果推理图。当多种思维模式并存时（如本例所示），或当可视化工具使用得当且与核心问题、现有标准、绘图后生成的成品（如一篇文章）互相关联时，最佳的可视化工具自然就会浮出水面。

Inspiration 软件使老师和学生拥有了一种使用便捷的可视化技术工具。这一工具是原始数据（预处理信息）与最终成型的文档之间的桥梁。师生们可以对之前创作的头脑风暴网络图进行重新编辑，如增添信息、加入便捷的剪贴画、移动、着色、删除等。还可以一键将整个头脑风暴网络图转换为传统大纲形式。此外，还有

探险的影响

概述

探险和殖民在全球建设文化，也摧毁文化。学生将在本课中比较不同文化，了解历史上不同文化相遇后的结果。

标准

- 学生知道著名探险家以及他们探险后发生的事情。
- 学生知晓对美国建国具有重要影响的人物、事件、问题、想法。

准备工作

收集两种待研究文化的信息材料，例如：

- 切萨皮克地区的美洲原住民和约翰·史密斯上尉的"欧洲"
- 不列颠群岛的凯尔特人和罗马帝国
- 美洲中部的土著居民和赫尔南·科尔斯特的西班牙文化

课程

1. 与学生讨论探险活动和探险家。请学生们思考：跟从前相比，现在的探险活动受什么因素驱动。

2. 将学生分成两组，给每个组布置任务，分别研究土著文化或探险家文化。指导各组使用文化信息材料，研究信仰、经济、政府以及邻近文化之间的关系。

3. 让每个学生与另一文化研究小组的一名学生组成一队，让他们共同开展"社会研究——文化比较"活动，记录两种文化之间的异同点。

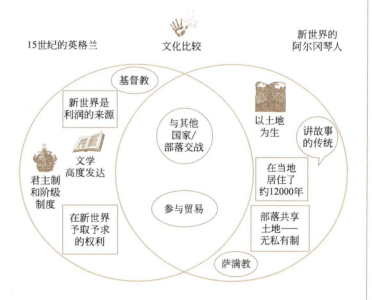

4. 指导学生使用他们的文化比较图来预测当文化碰撞时会发生什么。例如，如果文化之间的共性是战争或贸易，那么可能的结果是什么？

5. 分享文化相遇之初的历史。开展"社会研究——历史事件"活动，并使用它来展示事件过程、起因和影响以及相关人员。

图 4.5

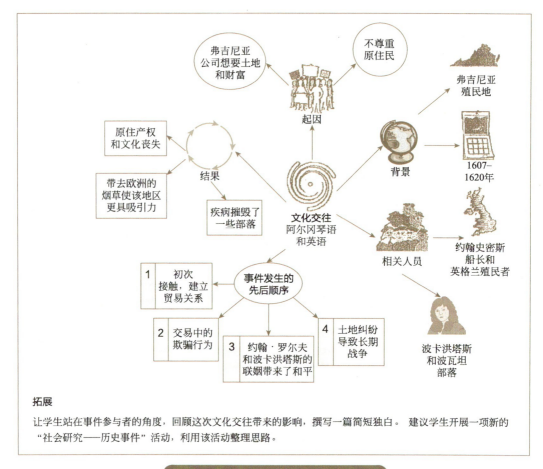

图 4.5 头脑风暴课程：探险的影响

资料来源：© *Kidspiration in the classroom*, by Inspiration Software, Inc. Diagram created in Kidspiration by Inspiration Software, Inc. 经授权使用

很多软件程序提供以典型的组织图结构为基础的预制模板，用户可对它们进行扩展。相比课堂上的某些组织图（见下一章），如黑线大师，这已经前进了一大步。这些功能，让学生们有能力去绘制草图、修改完善、形成最终概念，直到最后完成写作。

现在很多制图程序都可以从网上获得，也几乎可以通过任何"绘画"程序获得。这些程序就是我所说的"开放式调色板"工具，这意味着学生使用 Inspiration 等程序可以创建无数设计。这是有利于创造性的一面，但如果教师和管理人员不对这些程序的用途及最终效果进行评价，这些程序也存在重大弊端（如果教师重视学生创造性、开放式制图的能力，这些程序是有益的）。但有时这种开放式方法没什么好处，比如学生花太多时间只为生成极度另类的可视化图形，而对教师设定的（某个概念或标准的）教学目标而言，这种图形可能有些偏离主题，意图也不明显。遗憾的是，这类程序通常批量销售给学校和教育系统，不附带专业开发培训，也没有出版品和制作精良的说明文件，因此最终可能又变成利用不充分的软件应用程序，徒占学校计算机的空间。教师和学生在使用这些课程时，缺乏引导性的教育框架、理论或实践设计。另外，这些程序被孤立地安装在教室后面或机房的电脑上，学生不能在其他课堂实践中常态化地使用绘图技术，教师也不能将其用作教学工具。要获得最好的教学效果，这些开放式软件程序的使用应该清晰、明确地纳入教师制定的课程设计中，并将电脑使用技巧在课堂实践中应用起来。如果教师能在帮助学生熟练掌握头脑风暴网络图和思维导图的基础上，引入"开放式"图形软件程序，这个问题也许可以得到解决。

总之，熟练使用"开放式"的软件程序很重要，可以让学生们轻松生成图形。但与此同时，他们也需要教师的指导、组织和反馈，其中反馈是最重要的。所有这些都是为了使学生在校期间以及在职场中能够有效、成功地运用自己创造的图形。学校中使用的基于教育学理论、研究和广泛实践的可视化工具（如我们将要在接下来几章中介绍的那些概念图、关联环（connection circle）可视化单元和 Thinking Maps 软件），融合了头脑风暴网络图生成性的那一面，同时又提供了连贯的"语言"，使教师和学生能够更轻松、专注地交流概念模式和常见思维模式。

不仅学生，学校教师和管理人员也在使用"开放式"图形软件程序。工作人员利用在线资源定期研究信息，并将信息累积、综合成有意义的、有用的知识。然后，他们须以书面或口头形式将其传达给工作团队中的其他成员或传达给管理人员。大卫·舒马克（David Schumaker，加利福尼亚州海福克地区教育局长，曾任教师、校长、加州中部沿海联合会职业发展处处长）极好地论证了这个过程。

用于合作思考的头脑风暴网络图——大卫·舒马克

我父亲曾经跟我说过，他在斯克内克塔迪（美国纽约州中东部的一个城市）的通用电气公司上班的时候，公司通知要求工作人员想出一种制作"脱水面包"的新方法。从那个问题开始，他有了烤箱这个点子——后来烤箱成为通用电气公司最畅销的家电之一。他接着解释说，如果当时的问题是"我们如何生产更好的烤面包机？"那么顶部带插槽的烤面包机图形就会限制人们的思维，烤箱这个点子可能永远不会出现。

当我就某个观点征求意见或了解某一过程时，我喜欢先画一张我思维的草图。我不打算"井中投毒❶"般在图里添加过多东西，这样我才能获知其他人的想法，而不是我的。通常我会先用 Inspiration 软件设计若干论点以阐明我的问题。然后，我会带着这个草图副本，邀请我尊敬的人共进午餐或早餐。会面期间，我给他们一份副本，然后我们就问题进行探讨，我则在我手上的草图上做笔记。

---

❶ 井中投毒，一种逻辑谬误，指用先发制人的方法来阻碍反对意见，即发言者用肯定性的言语刻画那些赞同自己的立场的人的品格特征，或用否定性的言语刻画那些可能反对自己立场的人的品格特征。——译注

有一个例子（图 4.6a 和 b），我的问题是"学生学习效果这个概念如何适应学校转型？我们如何决定学习效果应该是什么，又如何确保学生不断进步，最终取得这些学习效果？"

一两次会面后，我重新打开电脑"充实"我的图表，把会面中获得的新想法都加进去。在做了进一步的研究后，我又绘制一张新的图表，然后把新的图表发给这个过程中的所有参与者们寻求反馈意见。我还邀请其他人会面，就更细节的想法征求他们的意见。最后，经过几个阶段，我终于绘制出完整的图，并将它用于写作或决策。

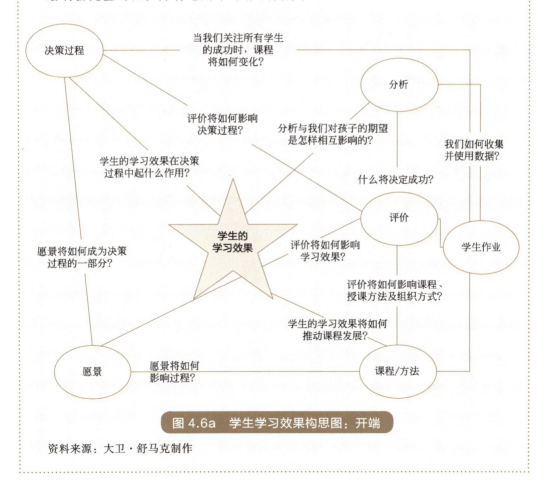

图 4.6a　学生学习效果构思图：开端

资料来源：大卫·舒马克制作

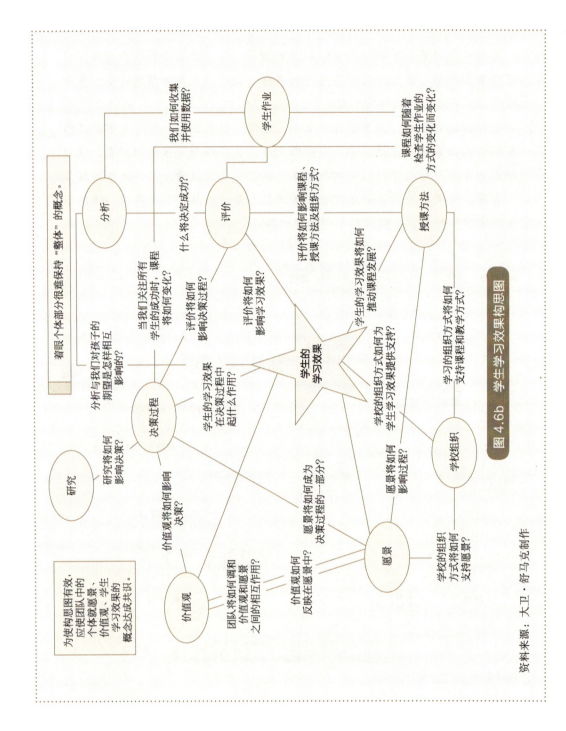

图 4.6b 学生学习效果构图

资料来源：大卫·舒马克制作

Inspiration 软件可以自动绘图，我们很容易就能熟练掌握。但这种只需点击一下按钮的熟练，无法取代手绘网络图的力量和个人风格。它只是为整体理解心智模式（这些模式一直在人类大脑中不断联结成网络）提供了又一种表征途径。大卫·舒马克的例子很好地说明了：在学习多层新信息并将其融入不断变化的结构时，可以使用这个软件。

○ 思维导图

头脑风暴网络图在形式是可以无限延伸的，尽管绘制头脑风暴网络图时大多从空白页面中心开始（类似我们探讨过的"聚类图"），然后随着观点的拓展再进行特殊设计，不断向外延伸。这个想法来自东尼·博赞几十年前的革命性著作（Buzan，1979），在他的《思维导图之书》（*Mind Map Book*) 中，这个想法被赋予了新的活力和深度。

> 思维导图总是从中央图形向外辐射。每个单词和图形本身都会成为一个关联网络的次中心点，整个图可以连锁式地不断向外拓展，同时都围绕着共同的中心。虽然思维导图绘制在平面页面上，但它表现了一个多维现实，包括空间、时间和颜色。（Buzan，1996）

从中心的关键概念向外拓展的头脑风暴网络图，其开放形式和用途能够全面地促进创意的生成。随着思维导图基本技巧（图 4.7）的逐步发展，它会展示出个人风格，在添加颜色、绘画、深度、多维度后，尤其如此。

背景： 思维导图的理论基础，源自一项显示左、右脑分别主导线性思考和整体思考的早期研究。东尼·博赞创造了思维导图®技术，用以提升人的创造力和记忆力，并深化创造性功能与逻辑运算的联系。博赞的模型中有特定的思维导图图形技术，支持对概念的记忆、拓展和深化且具有可读性，使协作解决问题者可以更容易地分享他们的导图。尽管博赞建议学习者分享常用技巧，但他也强调在绘图过程中发展个人风格。

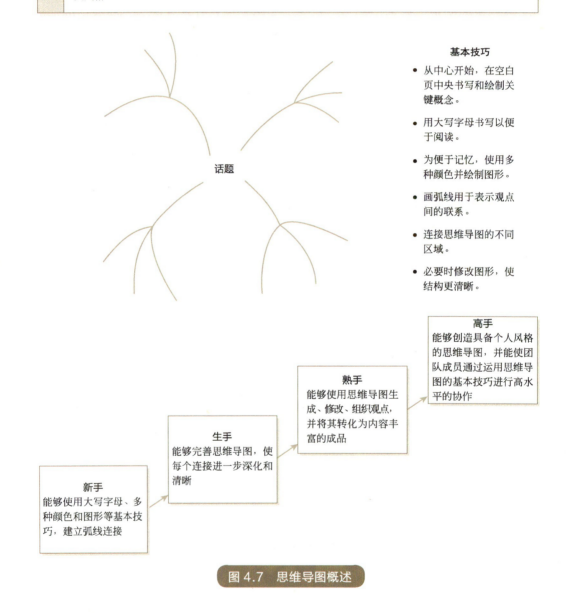

图 4.7　思维导图概述

大多数教育工作者，在进入某一新主题的"生成性"起始阶段时，往往会想到使用思维导图，但思维导图更大的作用在于，学生在学习过程中，运用思维导图从原有知识中"调用"他们关于某个话题的全部所知，并将新学的信息连接到思维导图上。利用已知知识是一种非常重要的思维习惯，这对将信息和技能迁移到新语境中至关重要。因此，在学校我们经常谈到，要弄清楚学生已经知道了什么（事实和概念理解）。但从具体实践方面来看，能高效评价学生知识基础的方法屈指可数。

思维导图等可视化工具为学生提供了"思考时间"，他们得以用相互关联的形式展示他们所知道的内容，以便教师可以快速评价他们绘制的网络图。教师可以据此教授新的信息，用以填补学生思维上的事实性或概念性空白，从而为教师和学生节省大量时间。

○ 图书概览图

在《心灵空间绘图》（*Mapping Inner Space*，Margulies，1991）一书中，有一个思维导图的实用例子，是关于一种用于浏览书的简单格式的。需要注意的是，其中涉及的隐喻是"概览"而非"汇报"，因为学生在单张页面上就能看到所有相关细节和概念关系。因此，图 4.8 这一文档成了帮助学生对上述这本书进行口头或书面陈述的图表指南。当学生创建自己的图书概览文档时，简单扫一眼网络图，就可以对不同书籍进行比较。通过这样一张图，他们能浏览每本书的全貌和细节。以可视化形式呈现的信息，比在一页页文本中地翻找不同书籍间的联系，有趣得多，也更容易找到。

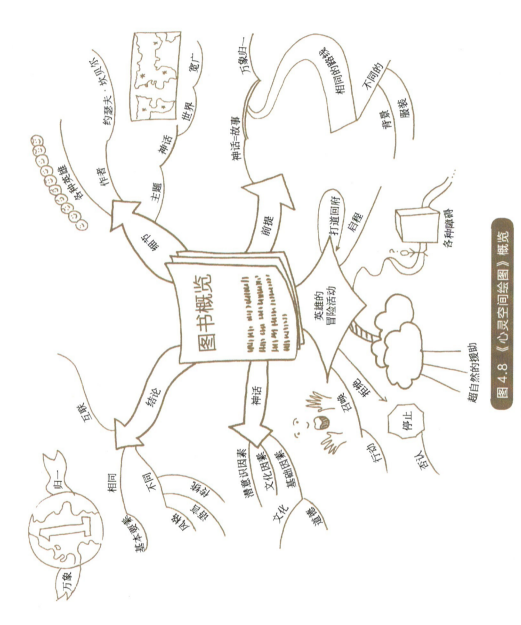

图 4.8 《心灵空间绘图》概览

经 Zephyr Press (PO Box 66006, Tucson, AZ 85728-6006) 授权使用

学生也可以用这种图书概览图学习不同科目的课本。在做历史、科学、数学等课本各章节的笔记时，学生常常很难发现某一课本或某一课文中积累的或推演而来的所有概念之间的相互关系。

这些绘图技术能够帮助学生做笔记。通过给课本各章节绘图，他们在学期末就可以将多个头脑风暴网络图的信息综合成一张课程全景图。这张宏观的网络图可以帮助学生既见森林又见树木，从而在原有知识的基础上吸收新知识。

○ 源自隐喻的心景图

不少教育培训师、企业培训师都在用聚类图、博赞的思维导图技术以及一般的头脑风暴工具。许多教师和学生也开始在课堂上使用 Inspiration 等绘图工具。虽然这些工具都有助于打开思路，但它们往往无法进入隐喻推理这一丰富领域。南茜·玛居里斯（1991年）开发的一种名为"心景图"的技术给教室、会议室中的所有学习者提供了一种有趣而严谨的方法，用于建构包含复杂信息的隐喻图形。下面是南茜对自己的思维的独特见解，那时她从博赞关于思维导图的早期著作中形成了心景图这个想法：

> 我发现自己不再遵守规则、创建的图都没有中心图形（天哪！）、一行不止一个词，还有其他不守规矩的情形……我决定取名心景图……心灵内部的景致。

虽然心景图的形式有无数种，不过有一个模型似乎对学习者、校本决策团队以及管理目标实现最有效。图 4.9 中例子的创建者是企业培训师、思维导图方面的专

背景：心景图技术来源于许多人的研究，包括南茜·玛居里斯、乔伊斯·怀可夫、苏珊娜·贝利（Suzanne Bailey）。绘制心景图的基础在于用隐喻的方式把想法画出来。在我们想看到某个想法、愿景、成果的全貌时，心景图最有用。就像艺术家会在内心生成关于某个想法的意象一样，学习者可以将日常生活中的某个具体形象——例如一条道路、一栋建筑物、一盘食物——来表征某个观点的基础概念及与之相关的详细的交互关系。不过，如同任何内涵丰富的隐喻那样，要紧的是，这个形象得是该观点的隐喻性映射，而不只是信息的替代物。

基本技巧

- 从一个观点开始，并为其确定一个具体形象，使之能够体现主题。

- 勾勒形象时，思考该物体各部分如何表征该观点的不同概念或不同方面。

- 制作目标形象的大纲，将其与**概念**相连后，开始给图片添加细节。

- 给图片上色、添加文字，再次回顾，对图片进行修改。

图 4.9　心景概览图

家乔伊斯·怀可夫（Joyce Wycoff）以及德克萨斯州拉波特港杜邦工厂四个部门的工作团队。在此，怀可夫描述了管理团队所期望的结果：

> 他们希望各部门认识到他们有许多共同的问题……如安全和质量问题……以及他们的信仰和价值观。我受邀帮他们进行头脑风暴，以开发可视化地展示、交流共同愿景的方法。在寻找可视化隐喻时，我们考虑过这些模型：水中寻宝、星际穿越、森林徒步、循道奔跑。（Wycoff, with Richardson, 1991）

如图所示，管理团队选择了一个"徒步地图"，页面上的每个符号代表了杜邦工厂的关键要素：两个人代表两个团队；箱子代表他们要克服的初始障碍；底部坚实的基座是起步之处；路障代表沿途的阻碍；横幅、奖杯、气球所在之处表示待抵达的目的地。

"旅程"这种日常生活中的基本隐喻，特别丰富和实用，因为大多数人都认为"生命是一段旅程"（Lakoff & Johnson, 1999）。这种可视化隐喻使一个复杂的有机体（组织）的相互依存性变得明了且具体，同时也提供了一种对相互交叉重合的观念、信念系统、不同问题定义和解决方案进行综合处理的方法。它还帮助团队实实在在地合作，描绘共同的愿景。

○ 追求个人成长

在即将结束本章准备翻篇进入下一章时，让我们来回顾一下本章展示的富有创意的头脑风暴网络图。我们从中体会到了一个重要经验：非常简单的图形可以帮助学习者和学习团队展示、分享不断演变的复杂性，并经由这一复杂性寻求共同的愿景。这些工具促进了对自我的认知，并让我们反思。这种反思是通过俯视我们制作的聚类图、头脑风暴网络图、思维导图、心景图的整个过程实现的,这就像我们透过镜子看自己或看池塘里自己的倒影一样。

上述经验是我在使用一种头脑风暴工具"圆圈图"的过程中发现的,这种图是我开发的八种思维地图其中之一(见第七章)。我设计这一工具旨在帮助学习者寻找用于定义一个想法或概念的相关语境。圆圈图致力于提示学习者不要立即去找所有事物之间的联系,有些事物之间的关联,可能需要酝酿一下才会出现。例如,图 4.10 中的圆圈图是一名学生创建的,该学生正在通过一项名为"我的故事"的自我概念❶活动,学习如何使用思维地图(Hyerle,1995;Hyerle & Yeager,2007)。学生姓名周围是她生活中的信息,而外侧方框中的信息是对她生活的影响。圆圈图能够帮助学习者寻找关联,深化反思、元认知等思维习惯。

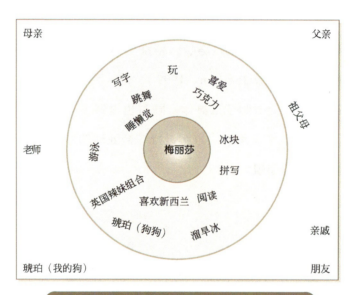

图 4.10　一位学生画的关于她生活的圆圈图

梅丽莎·伊德创作。

❶　自我概念,英文为 self-concept,这是一个心理学概念,指通过对现实中的自我进行分析而得出的对自我的总结性的论断。——编者注

画完第一版圆圈图（一个正方形内的两个同心圆）之后，我低头看着图，发现它实际上只是简单拓展了一个古老的用于自我反思和个人成长的可视化工具：曼陀罗❶。

这个简单的图是人类最强大的符号和精神表征之一——从几个世纪以来印度人使用的曼陀罗到美国原住民盾牌上的形状。荣格❷用曼陀罗治疗他的病人，要求他们以这种形式画出他们的想法、感受和直觉。荣格还花了很多年用这个图形做实验，他每天早晨醒来画一个新的曼陀罗，以细致地体现自己的变化。我们每个人在日常生活中一样也会有变化，因为从白昼到黑夜，每一天都是五彩斑斓、千变万化的。

后来荣格将（围绕同心圆的）这个正方形划为四个象限，分别代表思维、感情、感觉和直觉（Fincher，1991）。从西方的视角来看，荣格说："我想，自性（self）就像单子（monad），我就是单子，自性是我的世界。曼陀罗代表了这种单子，与心灵的微观本质相通。"（1973）。正是通过曼陀罗，荣格也对西方观念中的"自性"有了更深刻的见解。

在印度传统文化中，曼陀罗意味着：中心和四周、微观世界和与之相联的理想现实。从中心向外关联这种理念，或东尼·博赞所说的从中心向外"辐射"，对理解我们现在所用的可视化工具和本章探讨的头脑风暴网络图来说至关重要。从"人何以为人"这一核心向外辐射出的是：创新、开明、独立以及文化中极为重要的反思精神……甚至将我们与我们那绘制生活壁画的穴居祖先联系在了一起。

---

❶ 曼陀罗，英文为 Mandala，印度教和佛教中象征宇宙的内方外圆的图案。——译注
❷ 荣格（C. G. Jung，1875—1961）著名的瑞士心理学家、精神病学家、分析心理学的创始人，也是 20 世纪的思想大师。——编者注

第五章
用于解析任务的组织图

> 好老师从不会想要控制他人的思维，那就不是教学了。好老师也不会让他人思维模糊不清。无论如何，在鼓励设计和强加影响之间必须要找到一个清晰的界限……这样，学生才会成为他真正的自己，而不是教师的翻版。
>
> ——Giamatti，1980

缺乏分析能力、组织能力是众多学生学业上最大的失败，不同年级、学科或教学风格的教师都认同这一点。"学生要是能组织自己的想法就好了！"小学乃至大学的门廊上，无不回荡着教师们充满渴望的声音，就像家长嚷嚷着让孩子们整理房间一样。这种对"组织"能力的需求，是组织图得以在学校各年级、各学科中迅速传播的首要原因。第二个重要原因是，如本书第二章所示，组织图的相关研究十分丰富，这类可视化工具的实际应用也非常广泛，统计数据显示组织图对提高学生学习成绩有很大影响。第三个原因是，过去20年发展起来的新电子计算机技术，实现了流畅的图像化表征，从而能够可视化地准确向学生展示组织结构如何层层递进。

这里有一份关于组织图与新技术融合情况的详细描述，来自格雷格·弗里曼（Greg Freeman），他以前是老师，做过大量关于组织图和新技术方面的研究。

组织图概述——格雷格·弗里曼

组织图是一种以可视化形式表征概念、知识、信息的方式，可以同时包含文本和图片。组织图真正的价值在于，它可以让大脑"看到"视觉模型或关联，并从信息的模式中衍生出新的想法。组织图的各个组成部分就像拼图游戏里的碎片，看似毫无关联，但拼在一起就能构成熟悉的画卷。单个碎片没有任何意义，放在一起意义就显现出来了。

多年来，组织图作为可视化工具，在很多学科中被用于收集、筛选、分类、共享信息。幼儿园教师们用维恩图教孩子对不同的物体进行比较和对比，工程师用复杂的组织图开发新的流程和模型。组织图比其他表征方式（如纯文本等）更容易理解，它能使大脑"看见"并创建有意义的模型，从而产生新的见解。

组织图在教育领域的研究和用途，有很好的文献可供查证。然而，开发组织图并不容易，制作和编辑组织图也很耗时。相比于教师们自行设计制作的组织图，更常见的是模板或根据黑线大师制作的组织图。时至今日，制作概念图、星状图或笔记矩阵图之类的组织图，仍旧需要缜密计划和认真编排，以免凌乱难懂导致最终毫无用处。这些组织图很难操作，用起来不方便。一旦产生新的想法或出现一些意想不到的变化，就得全部重做这些图、表、矩阵。此外，制作这些图往往受限于纸张大小和所分配的时间。（想想你的日程安排！）

曾经，组织图的开发人员，由于缺乏清除工具、空间受限及不易编辑等问题，失去了采集信息、激发创意的创造力。组织图如"打字机"一般不便操作，又受纸张、铅笔和橡皮等的束缚，导致只有特别熟练的老手才使用它们。近来，组织图制作和编辑软件的开发，为组织图以可视化形式收集、筛选、分类和共享信息带来了新的前景，不过目前还没有深入探究过。好在上述障碍已被扫清了。

新开发的电子组织图和计算机的多窗口功能，使得信息的设计、汇总、重新编排更加便利。开发者可以随意剪切、粘贴、移动、重新编排信息，而不必提前设计、画草图或者重新制作，创造力和信息得以自然地自由流动。随着信息的大量涌现（也许可称得上信息过剩）以及互联网的不断发展，电子组织图——一种新的强有力的工具，可以帮助我们对互联网中的海量信息进行规划、汇总、筛选和归类。

在网站发展中，分级组织图作为网站导航工具，变得越来越常见。互联网搜索引擎中也开始融入组织图，以便引导用户搜索信息。

格雷格·弗里曼指出，电子媒体和传统纸笔的密切配合，能够帮助信息时代的学生解决将信息转化为知识这个难题。学生们怎么看呢？下面是他们的一些观点：

关于组织图的智慧箴言

在加利福尼亚州亨廷顿海滩市布莱森克里斯廷（Brethren Christian）初中和高中，组织图在苏珊·多布斯（Suzanne Dobbs）的历史课上广受学生欢迎。组织图能让学生们在日常学习中精力集中、充满活力。我浏览了他们的组织图网站，随后请他们分享了一些关于组织图的智慧箴言：

绘制组织图让你有事儿可做，比如画图、上色，这整个过程其实你就在学习！

——小乔尔·拉佐尔（Joel Lazo Jr.）

我发现使用组织图学习，比从书本上学容易得多，算是相当好的提纲。

——卡林·奥·哈拉（Carin O'Hara）

> 使用组织图学习非常轻松，因为主要思想和其他细节都挑出来了，所以你的考试成绩会非常好！
>
> ——杰米·诺尔斯（Jaime Knowles）
>
> 我喜欢组织图，因为我不仅能把作业做好，还能把作业变成喜欢的东西。
>
> ——比利·罗伯茨（Billy Roberts）
>
> 我一看它（组织图）就知道我在学什么、为什么学。
>
> ——米亚·法提西（Mia Fatticci）
>
> 我喜欢设计组织图，比起看书或笔记，用组织图学习有趣得多，也容易得多。
>
> ——阿曼达·华雷斯（Amanda Juarez）

○ 比较组织图与头脑风暴网络图

组织图是一种用于分析结构和展示信息的可视化工具。这些可视化工具大多是为特定的内容任务和明确的过程技能（这些技能反映了某一知识体系内的特定内容模式）而创建。头脑风暴网络图和组织图有哪些不同呢？图 5.1 提供了可视化的审视，该图用思维地图软件（Thinking Map Software）生成，是一种被称为"双泡图"的思维地图。如图所示，组织图通常以教师为中心，以工作表或者黑线大师的形式发给学生，而头脑风暴网络图是开放式的，要求学生生成自己的可视化知识结构。不同于头脑风暴网络图，组织图形式固定，由教师创建、精心制作，适用于特定内容的学习过程。学生们会得到一些视觉设计和系统化的程序，以便他们使用图表和文本来完成任务。教师有时会鼓励学生灵活使用组织图，但控制在任务范围内，因为多数组织图工作表上的图形都不易拓展。

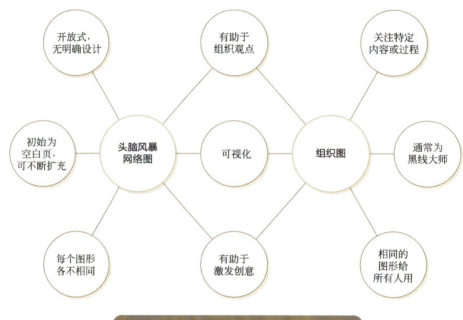

图 5.1 组织图与头脑风暴网络图的比较

有些组织图，尽管近似于对信息的机械处理，但属于传统组织性图表和模板的延伸，因此对于以内容和流程为目的的任务依然有效。这类组织图包括图表、矩阵图、轴线、示意图，主要用于对信息进行绘图，以便展示。二者最重要的区别就是，学生通过头脑风暴网络图（或概念图、思维地图）可以掌握可视化工具，但传统的组织图不以学生为中心。尽管头脑风暴网络图和组织图看起来截然不同，但二者都借用了已有的可视化表征方式来展示信息之间的内在关联，只不过用不同的方式，服务于不同的目的。绘制头脑风暴网络图，其首要目的是用特殊图形激发创意，其次才是帮助建立组织性、分析性的信息结构。而创新只是某些组织图的副产品，其设计的主要作用是引导学生组织观点，以实现特定的目标。

凯伦·布罗姆利和他的同事们（Bromley, Irwin-DeVitis, & Modlo, 1995）在

其著作《组织图》（图 5.2）一书中提出了非常有益的七重基础过滤法（或步骤），用于评价组织图的有效性和意义。这七项指导意见认为，教师应从头脑风暴网络图激发创意的特质中有所启发，确保学生在实际操作过程中将组织图运用得更加灵活。如果学校的领导团队乃至所有教师，采用这一过滤法作为起点来审视本章所述的组织图的使用，那么这些可视化工具中常见的黑线大师和复制图很快就会黯然失色，学生们一定会把这些工具用到极致。布罗姆利提出一个关于组织图用法的观点，与课堂上常见的组织图用法大相径庭：归根结底，组织图应该由学生创作，可以灵活运用，并且能够让学生反思。

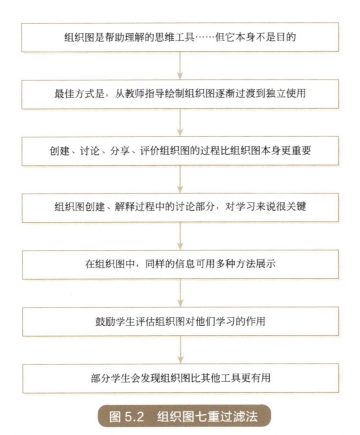

图 5.2　组织图七重过滤法

资料来源：K. Bromley, L. Irwin-De Vitis, & M. Modlo. (1995). *Graphic organizers*. New York: Scholastic.

这一观点与学生自主学习、向高阶思维发展的需求相契合。根据本杰明·布鲁姆（Benjamin Bloom）的《教育目标分类学》（参见安德森等人对布鲁姆分类学的修订版，2001），分析、综合运用信息（组织、分解、重组）的认知能力，是评价性思维发展的必经过程。不过，在布鲁姆分类学中，即便最低的层次——知识——都被定义为基础的内容组织。这也就不奇怪为什么多数学生处理复杂任务觉得困难了，因为他们虽然具备智力能力，但是缺乏智能工具，无法建构、绘制、重组信息，使之成为有意义、有条理的知识。因为即便是最基础层次的信息组织，它也天然是概念性的，这一点很重要。遗憾的是，课堂上过于强调死记硬背孤立的学科知识，而非引导学生通过自行设计组织图以及加深对概念的理解来记忆知识。组织信息的一般过程对学习者的要求，远超于记住孤立的信息碎片。学生们必须具备分析、架构信息的相互关系的常识，以便能对知识进行评价。这个过程很烧脑，需持之以恒，此外还需要：能反映特定内容的知识类型和概念结构的线性或非线性的组织工具。

本章中，我们研究了大量组织图及其应用，从实用模板到更加灵活的图表。组织图，在脑中或纸上，始于相对简洁的结构，随后依照既定的模式扩展。由此，这种有别于其他形式的可视化工具，成了培养一系列不同思维习惯的焦点。

○ 培养思维习惯的组织图

与头脑风暴网络图鼓励学生"跳出固有框架"不同，组织图通常帮助学生在"特定框架内"进行分析思考。教师可以自创，也可以到教学参考书里找一个特定的可视化结构，引导学生们或让他们"填空"，通过这种方式一步步完成一系列复杂的环节。这种循序渐进的方式有时对一部分学生很关键。通常，教师会将内容的特定形态（如某个故事情节）与过程技术（如排序工具）的开发相匹配。我常把组织图称为服务于"特定任务"的可视化工具，因为每个组织图的设计初衷都是：帮助学生实现特定的目标、成果或达到特定的标准。

这些高度结构化的图表有时可能有局限性，但对不善于系统地处理任务、组织想法或保持专注的学生（尤其是面对复杂任务时）而言，这些图表的效果很好。举例来说，很多组织图具有排序功能，体现的是步骤，如展示解决某个文字问题的引导步骤，为研究报告组织内容信息，为某个特定类型的写作要求而学习特定的流程，或为某个脚本突出理解故事的必要技巧和模式。这些类型的可视化工具高度结构化，直接促进多种思维习惯的养成，正如亚瑟·科斯塔的定义所示，这些思维习惯包括控制冲动、持之以恒、力求精确、语言思维严谨等。这些思维习惯的特质总览，参见第二章的"思维习惯树状图"。

审视任何一个组织图（无论来自教材，还是教师所创），你都会发现，可视化/空间结构是通过一个个方框或椭圆，在一步步引导着学生。教师们认为，使用组织图的主要优势之一在于它给学生提供了解决问题的具体系统或模型，否则，这些问题学生就放弃了。因为他们还没有形成自己的组织结构，难以坚持完成任务。其中显而易见的原因是，可视化结构不但反映了整个过程，更重要的是它还呈现了终点。

这种建构过程还提供了某些可视化的"指导方针"，类似学习者紧紧拽着安全绳——紧扣信息的结构，这样便不会随意脱离问题变成本杰明·布鲁姆所称的"一次性思考"。由此，这个可视化的建模过程向学生展示了他们如果需要专心完成某个任务，可以做到克制冲动、坚持不懈、保持"在框架内"不跑偏。

这种建模也促使语言和思维更加准确、严谨。学生一般不会记录他们思考的情况——思考过程中正确或不正确的地方，而且很难把一个想法同另一个想法分开。如果在解决问题过程中，把每一个想法都记录下来，学生就可以回顾、完善、分享这些想法并寻求反馈。大部分组织图可以促进这些思维习惯的养成，主要源于组织图的可视化维度，但也因为大脑本身就需要且喜欢组织信息！

○ 组块、记忆和热衷于组织的大脑

从上一章关于头脑风暴网络图的内容我们可以看出，头脑风暴网络图和思维导图都是从页面中心开始，慢慢向外辐射状扩展，根据若干规则寻找、建构联系。显然，与大脑深层无意识的、内在运转所形成的关联相比，这些相对而言有意识地建立起来的关联，其实相当迟滞。人们通常认为，头脑风暴网络图基于相关联的逻辑，而大多组织图往往源于形式化的过程。这些组织工具都能提高学生对信息进行有意识"组块"的能力。

20世纪50年代中期起，我们认为大脑会自动把信息碎片联结成"7±2"个组块（Miller，1955）。随着脑研究不断促进行为研究，大脑的组块功能引起了极大关注，尤其在关于它如何帮助信息从短期记忆转化为长期记忆方面。当大脑抓取到新信息并从长期记忆中"调取"信息时，组块行为就无意识地发生了。如果教师将组织图有效地引入教学中，组块行为也可以有意识地进行，并且有可能得到增进。

只有通过信息组块，人们才能把握大脑极其细微且无限的活动，即意识流。学生进行信息组块，就是把信息转化成形式化的信息序列。组织图之所以能够成功，是因为这些工具能让学生在页面上，而不只是在头脑中，对碎片信息构成的组块进行有逻辑的、立体的排列。

在页面上主动对信息进行组块的行为，就好比将满天繁星划分成一个个星座。学生仔细审视信息、理解信息、观察教师帮他们联结起来的图形。通过这种方式，再辅以听觉的组块过程，学生更能记住视觉上组块的信息。这一信息组块过程常见于教师的讲课或黑板板书时。

罗伯特·塞尔韦斯特把组块引入到课程设置中时，提出了这个观点：

> 分类和语言技能让学生能在大量的信息中迅速找到重点，如果课程注重这两项技能的发展，就能强化大脑的这一惊人的能力[1]。（Sylwester, 1995）。

出版商、课程负责人、教师在设置课程时，通常将内容一层层地"组块"。我们通常从大的主题开始，然后再分解成若干便于处理的小组块。海蒂·海耶斯·雅各布（Heidi Hayes Jacob）关于课程图谱的研究很好地示范了这个过程（Jacobs, 1997）。就像一棵大树，概念在最上层，细节则安排在底部（即较小组块形成树枝或树根），最后根据这个顺序安排全年的课程。这种设计引导着信息的传授——一般通过教科书。雅各布等人希望通过绘制课程图谱，把相对独立的内容序列联系起来形成大图，供全校乃至全区的教师使用。

遗憾的是，很多概念和观点都是通过演绎的、预加工好的形式展示给学生的，至于它们是如何整合在一起的却没有阐明。组织信息这个任务已经被教科书、教师、计算机程序完成了。总而言之，学生本该靠自己来观看这张大图，但是老师很少教他们整合信息的工具，反而只测试他们脑中离散的知识。学生被要求以演绎的方式"掌握"信息：做笔记，记住组织好的信息，再以书面或口头的方式还原。这

---

[1] 这一惊人的能力，此处指组块能力。——编者注

是一种线性形式。

那么，对于组织图我们在此要讨论些什么呢？早期和现在的很多组织图，都是高度结构化的可供学生填空的先行组织者或模板。这些事先制好的图之所以有用，是因为它符合大脑对图像化信息的需求和能力，从而把信息从短期记忆转化为长期记忆、让信息更有意义。尽管有些学生面临复杂的任务或概念时可能发现预先建构好的图有用，但有时候这些图可能不过是用来复制信息的较为复杂的工具而已，它们并不能转化或者建构新知识。

这些案例中，我认为组织图就像小孩儿学自行车时的辅助轮——初学时有用，但很快就变得笨重、多余。我们不可能要求一个已经会骑车的6岁小朋友仍然使用辅助轮，可遗憾的是，教科书出版商和组织图相关书籍仍然建议教师复印大量现成的图让学生填。在我任校外顾问的许多学校里，不少老师反映他们的学生很讨厌组织图。

当能够熟练使用既有形式的组织图时，学生便想掌控他们自己的信息模式和知识生成，不愿思维受到束缚，这也正是本章开篇吉亚马蒂（Giamatti）所提醒的。他们有能力建构自己的流程和可视化工具来对信息进行组块，从而建构知识。他们想从严格的自上而下的演绎推理转换为自下而上的归纳推理，想要靠自己进行信息组块、形成概念。

从上述角度来看——学生的智慧箴言、大脑研究、科斯塔的思维习惯研究——关于组织图也许你已经明白，它们是工具，不应该只是模板。我们来看看一些能够系统地把这些结构带入课堂的好办法，既让学生对遵守规则不觉得无聊，又能引导他们找出关键联系，并据此进行评价。作为对组织图概述的总结，我创建了七项警示清单。你可以在预览基础项目和教科书中的图表时，在课堂、学校或整个学区使用组织图时，作为思考框架。

思维地图：化信息为知识的可视化工具
Visual Tools for Transforming Information Into Knowledge | 113

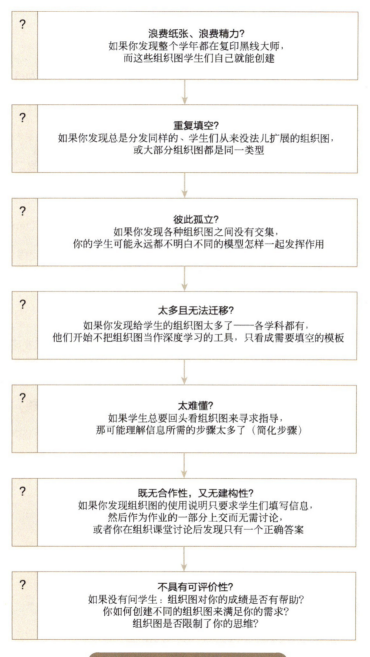

图 5.3　无效组织图的七项警示

○ 作为先行组织者的内容组织图

在本章结尾部分，我们来看看组织图的不同类型，从供学生作为先行组织者使用的组织图，到教师绘制课程图所用的组织图。20 世纪 60 年代，大卫·奥苏贝尔[1] 提出了将先行组织者引入教学实践的观点。这些先行组织者不一定是图表，马扎诺等人（1997）认为它们于课堂有益，并将其描述为某种指导策略，对此第二章有介绍。有些先行组织者可能只是引导式问句，帮助学生阅读文本时组织观点；有些是记笔记的导引，或者发展成"K-W-L"流程[2]。"K-W-L"是堂娜·奥格尔（Donna Ogle）提出的概念，便于学生在回顾自己完成的图表时，罗列出想学的内容并反思所学的内容。

故事组织图是一种用于内容领域（如沟通技术、英语文学课等）的先行组织者。它是针对特定内容的，即为某内容专门设计，因此无法迁移到别的内容领域，这与过程组织图不同，我们后续会介绍。故事组织图能够使学生在看故事前了解梗概，这样他们在看的时候就会想起故事发展、人物、主题等整体模式（图 5.4）。这种图有多种使用方式，从个人、小组到全班讨论都可以用。它不仅丰富了信息结构，也为后续写作搭建了桥梁。它彰显了图像如何呈现教师的口头提问和对文学要点的分析，使学生更容易理解这四个文学性问题：

- 你会如何描述故事背景？
- 故事情节的大概情节（开头、中间、结尾）是什么？

---

[1] 大卫·奥苏贝尔（David Pawl Ausubel，1918-2008）美国认知教育心理学家。他的理论包括：同化说、学习分类、有意义的学习、成就动机分类和现代迁移理论等。——编者注

[2] "K-W-L"流程，K 代表 What I know，即已有的知识；W 代表 What I want to know，即想要获取的知识；L 代表 What I learned，即学到了什么知识。英文原作中写的是"K-W-S"流程，资料查证的结果是"K-W-L"。——编者注

思维地图：化信息为知识的可视化工具
Visual Tools for Transforming Information Into Knowledge | 115

- 比较两个主要人物。
- 故事的主题是什么？列出至少三条论据或小主题。

背景： 故事组织图或故事地图是解读小说的通用工具。人们也开发了其他工具，用于阅读故事时的情节分析、情节发展、人物描述、人物比较等具体任务，以及用于辨析主题结构。如下图所示的故事组织图，用于帮助学生把对故事上述几方面的分析尽可能地集中在一页纸上。学生也会更深刻地认识到，对故事完整分析的演绎过程应当包含这些维度。

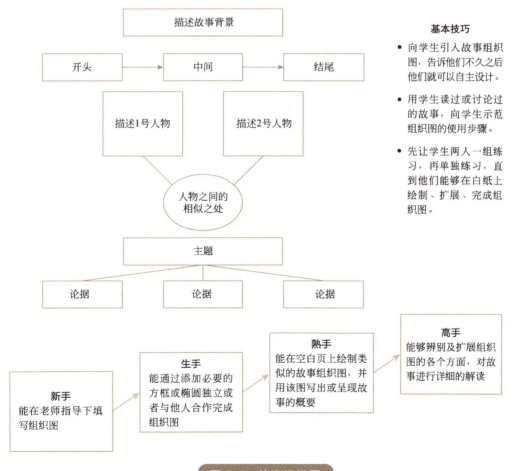

图 5.4　故事组织图

此例中，老师其实已经用提问的方式给了学生"路线图"，学生通过这些问题就能看到整个过程。他们会看到问题的走向，快速写下答案，也会看到把两位主角对比会产生怎样的分析。有了这样的路线图，班上多数学生都能参与讨论、专注于任务，甚至对故事的理解更上一个台阶。这里最重要的是，学生很快就能从这一分析故事的先行组织者中跳出来，掌握方法组织自己的思路，不再需要填那些事先打印好的图表。这是如何做到的呢？具体例子可参见第八章学生对思维地图的运用。

这些先行组织者可以制作出无数种。它们在各学科中都有应用：从历史课的时间轴，到数学课的矩阵图。关于这些工具的局限性已经说了很多，但还是要重申一下，这些都是用于对事物进行比较、关注特定信息结构或者问题序列的静态工具。这种先行组织者实际是作为提前规划的工具、阅读过程的聚焦点、阅读后的思考和写作纲要使用的。但是，这种多用途的组织图，并不能就前述的四个文学性问题中的任何一个，提供多少深度思维。这是很多组织图的通病：太多不同的模式交织在一个页面中，没什么深度。这些宏观组织图中的其中一种，可以通过向另一种组织图转化而得到深化，如专为分析故事主题而设计的一种组织图（图5.5）。学生和教师可以从故事的多种维度中跳出来，转向专注于由宏观视角衍生的故事主题、次主题和细节。将故事组织图中不同类型的组织图组合起来，每种组织图深入一个领域，这样教学质量就能提升。

○ 过程组织图

很多例子都显示基础的过程组织图（process-specific maps），有助于提升思维技能。与内容组织图（content-specific graphics）不同的是，它们可以轻易地在不同学科间迁移。最常用的组织图是约翰·维恩（JohnVenn）在1988年开发的维恩图，这是一种用于展示分类结构的逻辑工具。需要注意的是，教师在跨学科应用维恩图时常常困惑于两种不同的认知技能：分类和比较。遗憾的是，学生在数学中就要用这一工具来展示不同分类的重叠。

> **背景**：主题组织图是很多教师、课程设计人员开发和使用的一种通用形式。在理查德·辛纳特拉（Richard Sinatra）的"思维网络"法的文本结构文集以及桑德拉·帕克斯（Sandra Parks）的"组织图"相关著作中，主题组织图是非常关键的工具。它被用在跨学科阅读理解中帮助学生辨别主题、论据及细节。因此，这种组织图是以学生的分类（或信息分组）认知技能为基础的。学生先找出文章的主题，再把主要的论据和细节分组，填写到方框里。这种组织图多数情况下是以填空表的形式发给学生的。

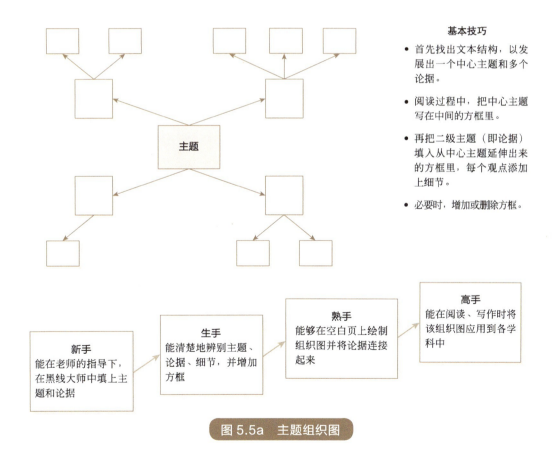

基本技巧

- 首先找出文本结构，以发展出一个中心主题和多个论据。
- 阅读过程中，把中心主题写在中间的方框里。
- 再把二级主题（即论据）填入从中心主题延伸出来的方框里，每个观点添加上细节。
- 必要时，增加或删除方框。

图 5.5a　主题组织图

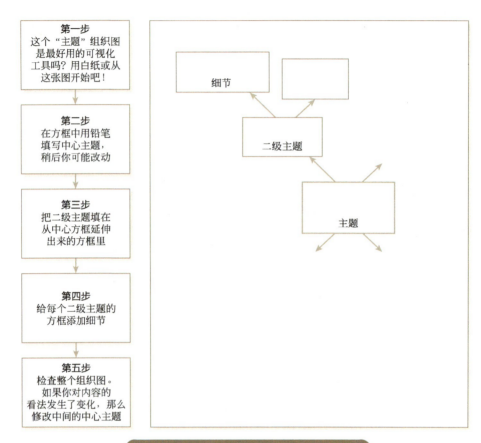

图 5.5b 创建你自己的主题组织图概览

该领域具有影响力的书可追溯到 20 世纪 90 年代早期,这些著作中包含大量组织图,和一些用于分类、比较、排序、因果推理的可视化工具。这些工具被反复使用——一般以黑线大师的形式——催生了过程组织图或思维技能组织图的特定用法。这是个良好的开端,因为学生在这一技术上会发展出主动性。使用时,只应在导入时使用黑线大师,随后就该立即摒弃,这样学生才能自制组织图,独立地掌控他们自己的思维。

这些基础的认知组织图还有很多其他例子。詹姆士·贝兰卡(James Bellanca)

在其第一版和第二版的《合作智库》（*Cooperative Think Tank*，Bellanca，1991）一书中归纳了 24 种这样的图。他详细阐述了如何创作过程组织图。他与个人及协作学习小组一起探索，使得这种互动式课堂思维工具被灵活运用。例如，"鱼骨图"就是一种长期用于汇总、组织、连接多种原因并导向单一结果的工具。图 5.6 展示了鱼骨图的使用步骤。

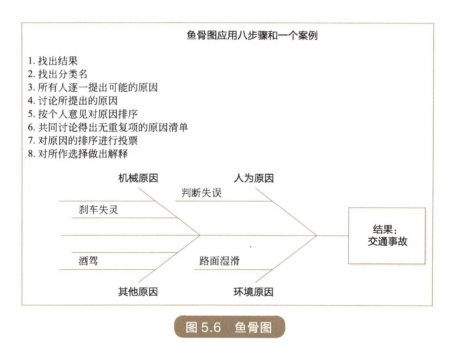

图 5.6　鱼骨图

资料来源：From James Bellanca, *The cooperative think tank: Graphic organizers to teaching thinking in the cooperative classroom*, © 1990 by IRI/SkyLight Training and Publishing, Inc. 经 SkyLight Professional Development, Arlington Heights, IL 授权使用

总而言之，过程组织图与内容组织图（或称"特定任务"组织图）的区别在于：学生能以可视化形式深入地学习、实践某种思维过程，且可以通过广泛实践和全校参与，运用或迁移到其他学科，而非寥寥几次用老师分发的图学过内容技术后，就把工具束之高阁。

○ 全景组织图

在学习方法的多个维度里（Marzano et al.，1997），组织图可应用于获取与整合知识（维度2）、扩展与精炼知识（维度3）、有意义地运用知识（维度4）等多个维度。系统使用时，组织工具也是培养积极的态度和感受（维度1）的关键，因为具备了多个有利因素：更清晰的流程，协作学习的工具，以及处理信息的更高预期。此外，亚瑟·科斯塔研究发现，组织图直接影响良好的思维习惯（维度5）。本书特别强调了这一点。

说到维度4，即"有意义地运用知识"，本书介绍了几种用于宏观处理的过程组织图，例如解决问题的步骤图。这样使用组织图（宏观处理）给了学生大量可能的问题解决方案，而且即便一时没有解决方案，学生也有思路可循。这种组织图跟我们刚刚讨论的过程组织图差不多，需要教师在生活中灵活示范，才能达到最佳效果。

问题解决将我们引向更大的角落，即如何帮助学生从"追根究底解决某个小问题"转向"能宏观地解决更大的问题"，诸如组织和开展一项研究课题。来自新西兰的格温·高伊思（Gwen Gawith，1987年）开发的"Pathfinder 研究模板"（图5.7）是全景组织图的一个佳例。令人叹服的是，Pathfinder 研究模板实现了通过图表帮助学生把纷繁复杂的流程浓缩在一页纸上。该模板只有五个步骤，但整个过程中，如果学生遇到困难，他们会得到辅助性提问、替代路径、参考资料、信息捕捉建议、求助提示等帮助。而且，每个步骤提供的是一个问题，而非一份待办清单。

这张宏观组织图中，充分融合了不同类型的可视化工具。第一步之前，它要求学生针对主题开展头脑风暴建立话题网络图，聚焦一个的宽泛话题并通过修改网络图

思维地图：化信息为知识的可视化工具
Visual Tools for Transforming Information Into Knowledge

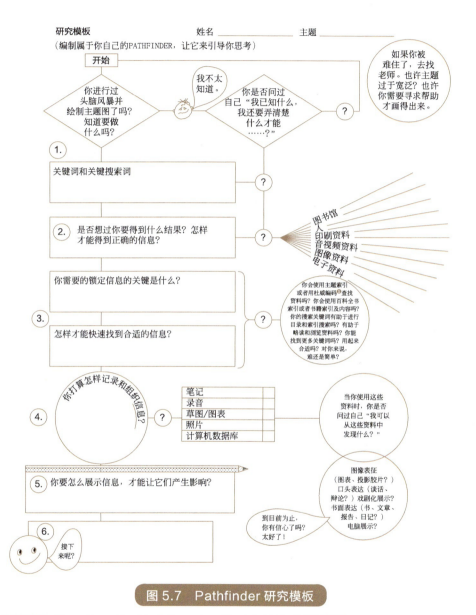

图 5.7　Pathfinder 研究模板

资料来源：From Gwen Gawith, *Information Alive!* © 1987. 经授权使用

---

❶ 杜威编码，指杜威十进制图书分类法中所用的编码，以三位数字作为分类码，将知识分为 10 个大分类，100 个中分类以及 1000 小分类。除了三位数之外，一般还有小数点后两位对分类做进一步地细分。这种分类法是由美国图书馆专家麦尔威·杜威创立，被全球各地的图书馆使用。——编者注

下切❶该话题。在第四、第五步时，它询问学生如何用素描图、图解、图示来组织、呈现信息。Pathfinder是一个实现完整流程的综合性工具，容纳了图解模板、思维导图、关键词模板（用于对信息进行分类）和展示模板。虽然高伊思的小册子《鲜活的信息！》（*Information Alive*，1987）已绝版，但她针对中学教师的升级版本《灵活学习！》（*Learning Alive*，Gawith，1996）对第一版中关于行为学习法❷的内容进行了拓展和深化。下一章里，我们将介绍克里斯汀·伊薇基于概念图提出的可视化单元框架设计，这一设计把"将信息转化为知识"这一宏观理念，带入课堂教学、评价循环的中心。

○ 绘制教案

前面介绍的研究模板可以较好地为学生、教师、管理者、规划者服务。已有大量案例表明，在学校中，组织图被用于组织、分析、评价课堂计划和课程设置。许多教案设计工具的机构也是图表化的。

近来，随着对综合性、专题性或跨学科的复杂课程设计的日益重视，我们对图像化表征的需求也随之增加。图5.8所示的"教案单"始于页面中央的明确主题，接下来教师用特定主题模板通过详尽的语言调查，来扩展主题并将各学科与主题相联。尽管这一图形模板是教师们常用的，但学生们也能用它来记录一系列围绕"变化"和"空间"这两个主题的活动。学生们常要用到这种强大的工具，它们能将抽象、复杂的活动以具体、简单的方式呈现出来。因为，在完成一系列跨学科的启发活动后，学生往往缺乏路线图来告诉他们该去往哪儿、如何推进以及如何反思。

---

❶ 下切，是NLP（神经语言程序学）简快疗法语言模式中常用的语言技术之一，指抓住话题中的任何一点追问，以缩小问题找到突破点，问到问题的核心。下切法也适合于课堂教学。——编者注

❷ 行为学习法，英文原文为action learning，也译为行动学习法。——编者注

思维地图：化信息为知识的可视化工具
Visual Tools for Transforming Information Into Knowledge 123

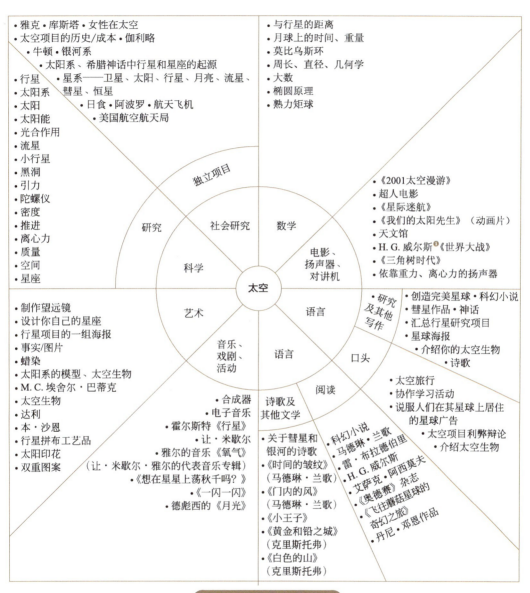

图 5.8　跨学科教案单

资料来源：S. Hughes. (1994). *The webbing way* (Appendix A, p. 151). Winnipeg, MB: Peguis Publishers. Copyright ©1994 by Peguis Publishers. 经授权使用

---

❶　H·G·威尔斯，小说《世界大战》的作者，英国著名小说家，尤以科幻小说创作闻名于世。电影版由斯皮尔伯格执导。——编者注

要创建全景图，学生可以用研究模板，老师（和学生）可以用跨学科设计轮状图（design wheel），教师和管理人员可以用详情矩阵图（detailed matrices）制定地区各堂课、各学校的复杂的课程设置。海蒂·海耶斯·雅各布在《绘制全景图》（*Mapping the Big Picture*）中提出课程图表可作为应用于以下几方面的主要工具和组织形式：

- 收集某学校或某地区的教学现状，如教学内容和教学时间。
- 分析现有课程间的流动性、关联和不匹配之处。
- 以新形式系统地将课程与教学连接起来。

这一方法进一步提高了组织上的连贯性和效率，否则很难处理复杂的系统性问题。无疑，（课程设计）这项工作充满挑战、耗时甚多，并涉及多方利益。很难想象，如果没有图形模板和便于轻松上手、修订、快速完成任务的软件程序，我们如何能够不被过程中的细节困住顺利地走完整个过程。

这一举例对现在的学生，对终身学习有什么意义呢？如果我们想让学生理解并能表征知识领域内的概念性和理论性内容（如果我们理解这些概念是非线性的），就应该给他们展示这些模型的图形工具。科学教育和思维阶段性发展领域的领军人物拉里·洛厄里（Larry Lowery, 1991）对灵活思维（见图5.9）的高级阶段（所有学习者均可达到）做了描述和图示说明。在这一举例中，学习者采用了组织结构图，如：生物分类法，并且

> 能以生物分类法中物体或观念间关系的逻辑原理为基础开发一个框架结构，同时也意识到这种结构的编排有多种可能性，最终可能会基于新的观念而发生变化。该思维阶段能灵活地处理复杂的问题。每一探索领域都

> 收获了新知识和更深的见解，问题解决方案和知识生成方式往往有多种形式。（Lowery，1991）

这段话强调知识的"结构编排"、复杂性和形式多样性，揭示出要实现灵活思维并获得新的见解，就必须跳出课本信息，把复杂的（线性和非线性）信息（立体地）编排成不同（图表）形式。没有图表化表征，多数学生的思维模式就会受困于大量的线性信息，下一次考试时，脑海中就只有一张空白的生物分类表了。

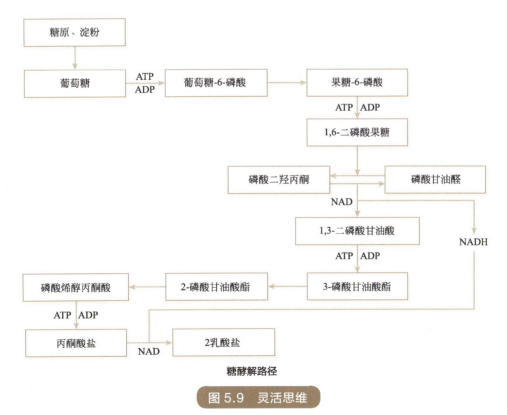

图 5.9　灵活思维

资料来源：L. Lowery. (1991). The biological basis for thinking. In A. L. Costa (Ed.). *Developing minds: A resource book for teaching thinking* (p. 113). Alexandria, VA: Association for Supervision and Curriculum Development. 经授权使用

○ 设计和理解

正如本章已经展示的那样，从在微观上推动故事的阅读理解，到在宏观上推动全区跨学科课程设计，组织图的设计已经成为有效表达观点的必备要素。这些组织图都是"智能"工具。格兰特·威金斯和杰伊·麦克泰格（Grant Wiggins and Jay McTighe）的《追求理解的教学设计》（*Understanding by Design*）一书，对本章做了一个完美的总结概括。图表设计模板是书中这种方法的关键，这些模板是学习某一流程的工具，同时也是加深理解的过程工具。

> 我们为什么认为模板、设计标准和相应的设计工具是"智能"的？因为它们就像实物工具（如：望远镜、汽车或者助听器）那样，可以扩展人的能力。智能工具提升人执行认知任务的能力，如设计学习单元。举例来说，有效的组织图，如故事图，能够使学生将故事要素内化于心，由此提高其阅读和写作故事的能力。同样，经常使用模板和设计工具，使用者便有可能对本书主要观点，如：逆向设计逻辑、像评价者一样思考、思维的多个方面……和设计标准等，形成思维模板。（Wiggins & McTighe，1998）

在任何学习的组织过程中，我们都需要把观点组织起来，但是过分组织却不能解决问题。我们都遇到过学生或同事无法跳出既定组织结构的情况。他们不仅自困于静止的世界，还把别人也困住了，但是世界往往是无序的、模糊的、动态的。这就是使用组织图的一个困境：有时候发给学生填写的组织图太多，会让他们思维混乱。

自然界有着复杂、稳定的组织结构，这种结构也处于不断变化中。这一点极佳地体现在混沌理论中，该理论指出"看似杂乱无序的系统中，却有相对稳定的结构和模式"。我们的生命也反映了这一点。大脑的独特组织结构和感知系统，以及我们有意识的思维能力，使人类能够让世界慢下来，进而有序地理解世界。我们的学生在不断学习新方式，以观察和组织它们感知到的信息。这一过程终生相伴，因为随着长大、换工作或改行，我们一直在学习新的、更复杂的组织结构。组织图，尤其是在被灵活使用时，为学生们提供了大量分析用的可视化结构，他们将受用终生。

接下来的三个章节中，是关于概念图和思维地图的，我们研究了如何结合组织图的分析组织能力和头脑风暴网络图的创造力，形成极富创造力的分析形式，并介绍了逐渐发展而成的第三代可视化工具。

第六章
集创造性思维与分析性思维于一体的概念图

○ 思考思维模式本身

如第四章所示,头脑风暴网络图用于帮助人们从日常学习和工作的思维惯性中"跳出来",进行创造性地思考。这些开放性的网络图帮助我们打破心理和情绪上的障碍,反映出大脑中飞速迸发的无数联想。这些都是极具启发性的工具,通常不会生发展成一套针对特定设计的组织结构。我们在第五章看到了许多由图表和模板构成的帮助学生在"框架内"进行分析思考的组织图。这些工具通常高度结构化,帮助学习通过分析、组织信息看到全景。尽管组织图可能只是教师创作的框架,而非学生自创的"全景图"或组织结构,但这种基于特定内容单元或过程的图形演示,能够帮助学生绘出优质、准确、令人满意的组织图。这些图形为许多学生提供了心理安全网,引导他们顺利完成任务,并在将来能够独立运用它们。

我们还有第三种工具,它结合了激发创造力的头脑风暴网络图和提升分析能力的组织图。这第三种类型的可视化工具，我称之为概念图。从很多方面来看，它是头脑风暴网络图和组织图的结合体。概念图有时候类似我们在课堂上见到的组织图，但它们在用途、学习方式、应用、效果等方面迥异，这些差别意义重大。

不同的概念图不断地出现在课堂和职场上，支持人们同时在"框架内"和"框架外"思考。最为重要的是，这些工具能够让学生集中注意力思考框架本身：当某个图形在纸面或电脑屏幕上展开时，概念图会让人思考是什么影响了这个图形的创作和实际设计。概念图绘制技术常常在跨学科中应用，并通过循环思维模式和启发式提问系统地帮助教师和学生。概念图的作用有：

1. 把基础且具体的思维过程界定为循环模式

2. 支持这些模式在不同学科间扩展、应用和迁移

3. 指导个人和合作小组建立由简到繁的心理模型

4. 专注于评价你自己以及他人的思维和概念模型

5. 反映你的参照框架如何影响你的意义生成、思维模式及理解

本章将介绍一些实用、概念上非常精致的思维工具，这些工具通常反映的是层级结构，例如"概念图"、塔状归纳图、通过 Reason!Able 软件生成的逻辑推理图。这些工具也可能展现的是带反馈回路的动态系统方法，如"关联环"、用于系统制图的软件 STELLA 等。我们先介绍这些方法，最后介绍克里斯汀创立的称作"用可视化单元框架开展教学"的综合性可视化工具教学法。

○ 思维习惯和概念图

虽然概念图也支持许多与头脑风暴网络图和组织图有关的思维习惯，但它主要专注于不同形式概念的产生和反思，如用于同理倾听、思考思维本身（也称为元认

知)、有意识地将过去的知识应用于新情境、质疑、提问等。可视化工具能够促进哪些思维习惯，请参见本书第二章的图 2.1 思维习惯树状图。与头脑风暴网络图和大多数组织图不同，通过设计、使用不同种类的概念图，我们可以引导学生有意识地问问自己这些反思性问题：

- 我是如何理解并弄清楚这个系统的？
- 我使用了哪些常识、意见、数据？
- 我使用了哪些思维模式和思维过程？
- 哪些参照框架、心智模式正在影响着我描绘信息的方式？
- 观察这些模式的其他方法有哪些？
- 我的盲点在哪里？

这些元认知问题会自然、自觉地导向移情理解❶。概念图的过人之处就在于能使人们切实地明白每个人都可以基于他（或她）的原有知识、参照框架以及对概念的理解创造不同的心智模式。移情理解，作为一个相互作用的过程，不仅包括不掺杂任何个人因素地概括他人的思维和感受，还包括对自身的心智模式和他人在受多种参照框架影响下所绘之图形有一种深深的链接感和解读能力。培养学生在框架内思考、打破框架思考以及思考框架本身如何形成等能力，使学生能够批判性地看待信息如何转换成有意义的、积极的知识，这些能力对思维过程技能的培养也至关重要，在 21 世纪，思维过程技能是全球在学校或职场的人们进行思考、学习的必备技能。

---

❶ 移情理解，在教育学中指教师站在学生的角度，觉察他们的知觉并体验他们的感情。拓展开来，指一个人站在另一个人的角度，体察另一个人的知觉与情感。——编者注

○ 当思考变得流行

理解概念图需要建立语境,这样才能明白概念图与头脑风暴网络图、组织图是截然不同的。20世纪80年代中期,"思考"开始在学校流行起来。这听起来很奇怪,美国以及世界上大多数国家的早期教育史都非常确凿地表明,这些国家普遍地接受行为主义和静态"智能"理论,形成了以"储备式"学习系统为基础的教育范式,并不注重我们现在所理解的思维能力的培养。曾经广为接受的方法是,教师每周将概念拆分成互不相干的小块,像银币一样存起来,而学生则通过各种测验、考试提取。如果学生没有学会这些概念,老师会以同样的形式重复这堂课,无视学生个体的认知风格或认知能力的独特性、复杂性(Freire,1970)。

当然,我们不能因学校教育者有限的学习观而对他们有看法,因为教育方法往往是由以往的社会、科学范式而不是新兴的思想和理论所塑造的。教育常被理解为传递现有知识,而非将信息转化为知识并为学生提供转化工具。变化的过程很缓慢,许多旧模式(积极的和消极的)仍残存于当今的课堂。教育工作者常受制于这样一种社会压力,即认为应当教育学生适应当今世界,而不是满足未来的需求。如今,变化正迅速发生,因此我们必须迅速反应,并对其给予更多关注。

过去20~30年思维技能运动的早期阶段及更早之前,"大脑-思维"通常被称为"黑匣子",是未知并且是不可知的奥秘。过程写作、问题导向学习、协作学习、思维过程教学的缓慢融合打破了现有的教学范式。20世纪80年代,思维过程和概念学习受到重视,引发了思维技能项目的广泛开展,并引起人们对高阶问题的重视,也为建构主义学习观和教学观打开了大门。这项运动的全貌(和体现这种思想的项目以及方法)在多个版本的《开发思维》(*Developing Minds*)中均有介绍(Costa,1991a)。

霍华德·加德纳的多元智能理论是变革浪潮之一,它打破了静态的智能观,提出不同的思维方式。大脑研究的第二波浪潮使我们对认知、学习和人类发展的复杂性有了新的理解。体现大脑对情感的控制和过滤行为的大脑研究是第三波浪潮，这波浪潮以"情感－人际"智力的形式出现（Goleman，1995）。这些变化的浪潮影响到了课堂互动，我们回顾起来就会发现，大脑功能这一黑匣子，是导致我们低估人类能力及学习能力的关键。

思维技能运动的基础之一是由认知科学家和发展心理学家打下的。这些先驱者当中最有影响力的是大卫·奥苏贝尔，他在概念发展方面的研究极大地影响了约瑟夫·诺瓦克对概念图的应用，下文将对此进行介绍。在一本用于学校和公司的概念图的书中，诺瓦克介绍了奥苏贝尔的初级概念和次级概念观点。根据奥苏贝尔的定义，初级概念和次级概念之间的区别就是能实际接触到的、具体的"想法"和看不到的、抽象的"想法"之间的区别。重点是这些次级概念必然需要建立模型，因为模型是概念的表征，否则这些概念无论如何都无法掌握。课堂上，孩子们制作代表加利福尼亚的纸制大象、方糖模型或制作代表分子结构的泡沫塑料模型，这些就是物理建模。尽管我们谈论了很多要让学生多动手，但实际上，常态化地制作模型是不可能的，也没有效果。

> "奥苏贝尔（1968）区分了初级概念和次级概念……狗、妈妈、长大和吃饭，这些都是小孩头脑中形成的初级概念的例子。随着孩子建构了认知结构，他们通过概念同化❶过程就能获得次级概念。在这里，孩子认知结构中的概念和命题具有获取新概念意义的功能，包括获取分子、爱、历史这类无法图像化的概念。到了学龄阶段，几乎所有的概念学习都是概念同化。"（Novak，1998）

---

❶ 概念同化，指利用学习者认知结构中的原有概念，以定义的方式直接给学习者提示新概念的关键特征，从而使学习者理解新概念的方式。概念同化是学习者获得概念的主要形式。——编者注

可视化工具，特别是概念图，是关于概念的动态呈现的图式心理模型，通常由学生和教师共同协商完成。借助可视化工具，学生能亲手画出他们难以掌握的次级概念。由于思维过程引导、技术和问题式学习都需要概念的发展，因此可视化工具的必要性超乎以往。关于概念理解的教学方面的更多信息，参见林恩·艾里克森所著的《概念为本的课程与教学》（*Concept-Based Curriculum and Instruction*，Erickson，2002）。艾里克森认为知识是层级结构化的，最底层是事实，再往上是主题、概念、规则，最终到理论论点。这种知识观以更加包容的分类方式反映了信息如何转化为知识的传统观点（图6.1）。另外，我们也要注意到这张可视化图是概念图绘制能力的关键，这一点非常重要。概念图是基于以可视化形式展示概念发展（概念的形成、归纳和演绎）的工具。这类工具提供了一种解决复杂问题的更为具体的方式，与我们大脑以线性形式和整体形式兼看全局和细节的能力相匹配。

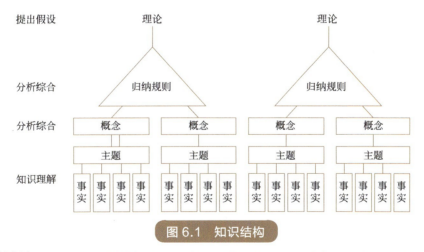

图6.1　知识结构

资料来源：Copyright © 2002 by Corwin Press. All rights reserved. Reprinted from *Concept-based curriculum and instruction: Teaching beyond the facts*, by H. Lynn Erickson.

当我们看到概念图（包含诸如系统思维这样的非层级模式）的不同范例时，我们会发现大多数都要求图形一致并灵活运用。在最深层面上，这种关系与大脑的结构和动态性相匹配。我们可以看到，大脑的蓬勃发展依赖于始终如一的大脑结构，它能够如分形一般轻易、动态地演化成新颖的结构布局。借助人们开发的丰富的概念图，我们可以通过严谨、反思的方式看到学生在宏观和微观两个层面的思维表现水平。

○ 诺瓦克和格温的概念图技术

概念图不仅仅是一种工具：正如约瑟夫·诺瓦克所描述的，它是一种符号语言。很多人认为绘制概念图就是绘制概念的基本"关系网"，但是这并不能反映这种语言的深度。下面方框内的文本描述了概念图的层次化和集成化过程，以及学生有效使用概念图的能力。

> 概念图是一种就一个或一组给定的概念，展示部分"概念-命题"或意义框架的工具。如果有人能把一个与其他概念相关的给定概念在所有可能的语境下的所有可能的概念图画出来，这样该概念对这个人的意义就能很好的展现出来。这显然是不可能的……任何人都无法知道自己所掌握的概念的所有潜在意义，因为新的语境、新的相关命题可能会产生我们从未想过的意义。（Novak，1998）

现在，我们来看一个学生的作品（参见图 6.2），他用非常精致的方式做出了代数概要的概念图，这幅概念图几经修改，涵盖了这门课一整年的课程内容（Novak，1998；Novak & Gowin，1984）。当你看这幅代数图时，再回到图 6.1，将其作为指南，思考概念图的特质：定义、扩展、建构、评价和反思。

思维地图：化信息为知识的可视化工具
Visual Tools for Transforming Information Into Knowledge | 135

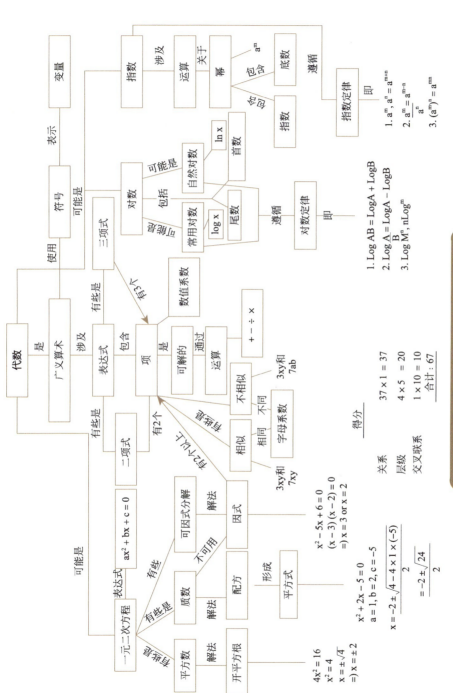

图 6.2 高中一年级学生完成的代数概念图

资料来源：J.D. Novak & D.B. Gowin. (1984). *Learning how to learn* (p. 179). Cambridge, England, and New York: Cambridge University Press. Copyright © 1984 by Cambridge University Press. 经授权使用

在这个过程中，这名学生受到了全面的训练。首先，他基于思维中的一种理论观<u>定义</u>了概念图的层级结构。因此，他以最上面"代数"这个大概念为起点。

然后，他自上而下地灵活<u>扩展</u>概念图，较宽泛的概念在顶端，具体的细节在下方。

概念图这种可视化工具，用相互联系的连线，让我们可以将简单的代数思维模型<u>建构</u>成复杂的、相互依存的、整体的知识观。这不仅需要大量的训练，而且还需要一整年的代数学习，才能最终形成这个概念和细节的结构布局。

整个学年，这名学生还借助教师的评分对概念图的发展进行<u>评价</u>。如该图底部所示，教师根据图中反映的关系、层级、交叉联系等方面的质量对概念图进行了打分。

使用概念图的关键一环之一（此例没有清晰展示出来）在于，学生不断<u>反思</u>概念图的结构布局，进而看到参照框架和思维模型是如何影响其理解的。

虽然学生们最终需要各自负责自己的概念图，但他们经常比较、分享彼此的图片信息及各自独特的结构布局。即使图的结构布局不同，但知识可能是正确的，因此并不存在绝对"正确"的图。由于这种多个"正确"版本并存的模式非常灵活，诺瓦克和格温（Robert Gowin）将其称作"橡胶图"，因为用不同的方式延展它们，可以得出相似的概念或找到新的理解。图6.3简要介绍概念图及其开端。

乍一看，代数图看起来是个很好的思维导图，但仔细观察就会发现，这是一种不同的工具。显然，这不仅仅是学生对其所掌握代数知识的一次丰富的头脑风暴，而是一个高度演化的概念描述。只有当教师和学生，学会从空白页面开始，将概念和细节有层次地相互连接在一起，这种高度演化的概念描述才有可能实现。这张概念图清楚地表明了概念图与其他形式的可视化工具之间存在着重大区别。它也显示

思维地图：化信息为知识的可视化工具
Visual Tools for Transforming Information Into Knowledge | 137

> **背景**：概念图由约瑟夫·诺瓦克和罗伯特·格温研发，两人均来自康奈尔大学。"概念图"这个术语常被错误地当作任意一种语言图的通用术语。但是，这个工具的使用流程其实已经得到综合研发，如下图所示。诺瓦克和格温认为头脑中概念是相互连接的，构成层次分明的关系系统。新的信息被吸收到某些更广义的概念之下。同一系列的概念也许绘制出来的图不同，但从概念上来说都是正确的。

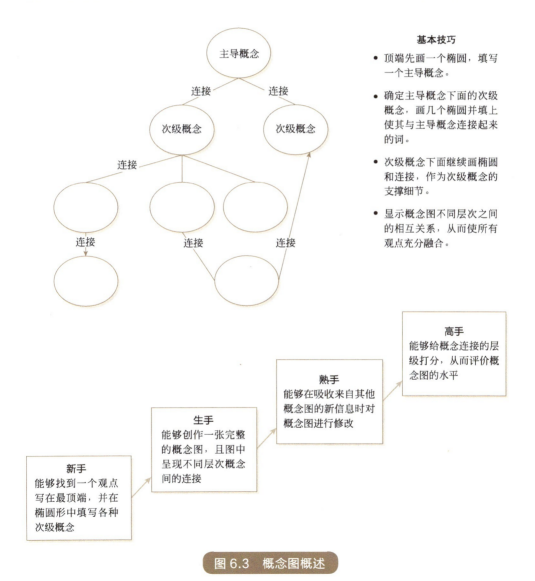

图 6.3 概念图概述

了学生练习概念图多年以后，这种精细的工具在学生手中和心中的力量。这种能将概念图示化的可视化工具是一种很有前景的工具和技术，可用于调研、概念开发、科学探索等领域的终身学习。

○ 塔状归纳图

概念图的另一个例子是约翰·克拉克（John Clarke）提出的塔状归纳图（Inductive Tower）。基于层级推理的概念图的例子有许多，这些概念图帮助学生发现图上、中、下三层分别展示的主要观点、支撑性观点和细节。但是，这种自上向下的设计，不过是复制了我们经常要求学生做的那种演绎推理，并未让学生进行更多的生成性的、归纳性的推理。塔状归纳图帮助学生从页面底部开始，在向上推进塔状图的过程中产生新的概念分类。图6.4解释了塔状归纳图的工作流程，并且描述了学生有效使用该流程的能力。

制作概念图需要长期的训练和指导，学生要在头脑风暴列出各种观点后，对观点进行更严谨的概念发展，因此他们觉得有难度并不奇怪。在第四章中，我们回顾了各种软件程序，如提供开放的调色板图形的Inspiration软件。还有一些方式可以确保用一种通用图形语言把形式和观点都转译出来，而不仅仅只提供（调色板中常见的）各种特殊图形。如一种在中学和大学中使用的名为Rationale的新软件程序，它的开发源于商务和法律领域的学生和创意人士有使用动态的、结构化的概念图进行论证、批判的需要。我们身处社会中，简洁有效的论证常常需用层级推理，正如蒂姆·范·格尔德在下一节中讨论的那样，这一过程具有一定程度的复杂性和需要有促进批判性思维的模式化思路。

背景：塔状归纳图由佛蒙特大学教育学教授约翰·克拉克开发。这种塔状图的理论基础在于归纳和分层推理。学生们常被要求从图顶部的主要观点开始发展更多的细节，而这一思维过程图是对图底部的一系列信息中的观点进行分类或分组的工具。接下来，学生从底部开始向上"建塔"。把每个分组放在不同的层级里，学生们就建构出了更多兼收并蓄且抽象的概念。在图的顶部是一个能表征不同层级的事实和概念的总概念或总分类。

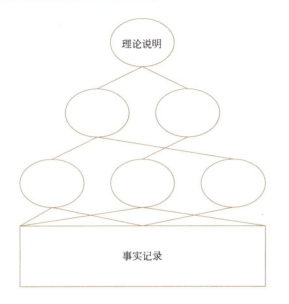

基本技巧

- 先从塔状归纳图的底部开始，把收集的基础事实性信息或细节记录放在这里。

- 把你认为可以放在一起创建概念的事实找出来连在一起，在圆圈里写下词或句子。

- 继续创建并关联综合性概念，一直向上建构直到"塔顶"，在这里你写下一个可以表征整个塔状归纳图的大概念。

新手
能就一个主题收集各种基本事实，并把其中一些分组形成各种新观点和顶部的主要观点

生手
能在制作高级概念时，通过增删信息使塔状归纳图得以完善

熟手
能在协作学习小组中为各种塔状归纳图总结出顶部的清晰主观点

高手
能通过评估理论观点、比较各种不同的塔状归纳图来评价塔状归纳图

图 6.4　塔状归纳图概览

图 6.4　论证图与 Rationale 软件——蒂姆·范·格尔德

论证就是用有一定结构性关系的一套论据来支持或者反驳有争议的问题。论证图就对论证的可视化表征，让人能一眼看到主论点相关的支持性和反对性论据，以及可视化地呈现论证结构。

论证图软件 Rationale 可以为有效论证提供指引和支持，提升推理技能，为思考者提供定位、系统建构、评价以及清晰地交流论证的方式。

论证图不只是一种为视觉－空间学习者组合多种智能表单的教学附属物。这种绘图形式的精华在于，利用了人类视觉理解能力的优势，同时把复杂的论证收纳在一张表单上，用以减轻思考者的认知负担。例如，论证图通过以下几种方式应对文章交流中的困难：

- 即时沟通论证结构；
- 用图说明各论点之间的逻辑关系，提供系统的推理路线或分支，确保推理始终在正确的轨道上；
- 用颜色代码和图标详述对个人论点的评价，以便快速理解论据以承认某论点正确（或由于缺乏论据或论据不成立而否定某论点），以及论据对某一论点的论证程度。
- 与那些冗长且复杂的文章论证相比，思考者无需记忆太多东西；
- 提供可视化的、结构化的指南，确保文章中的交流同样条理清晰、系统且周密。

成果及成就

电脑中的论证图极大提高了学生们的批判性思维能力，与其他方式比，其产出效果要高出三倍。

——特沃迪（Charles R. Twardy）

加利福尼亚批判性思维技能测试（CCTST）是一项展示推理和批判性思维技能的国际评价标准。学生测试的显著结果表明该项目取得了可量化的成功。统计数据显示，大一学生的批判性思维技能的一般标准差为 0.2 到 0.3，而墨尔本大学使用 Rationale 软件后，标准差为 0.7 到 0.85。（特沃迪解释，这种提升与学生的前测和后测有关，为了与其他的考试成绩相比较，原始得分被标准化。标准差为可变性的度量标准，是通过将平均增量除以方差计算得出。）

上述数据证实了下面这个有趣的经验。经验显示，使用论证图和相关的教学资源，学生的批判性思维会更加严谨，因为他们的下述能力得到了提升：

- 在文本中寻找论据；
- 完善论点；
- 用适当的概念框架进行富有逻辑的论证；
- 辨别次前提和隐性前提；
- 思考、整合相互独立的论点；
- 查明依据，以确定前提的真伪；
- 评价某一支持性或反对性论据对另一项论点的支持度；
- 在信息选择和论证的建构与评价范围内，分析自己的认知偏差（元认知）以及如何解决这个问题；
- 评价一个论点的主要争议；
- 以文章的形式交流论证，使论点、论证结构和评价更加明确、系统、严谨。

应用和范围

论证图并不局限于特定学习群体。论证图反映了已有思维技能的水平，推理、预期目标或教育成果的成熟度。因此 Rationale 绘图，可用在各阶段的教育中，也可用于职业决策和报告写作中。在小学阶段，可向儿童介绍如何建构层级分组图、主要的推理概念以及基础论证图的建构。到了初中阶段，这些技能将进一步深化为更复杂的论证，思考可替代的观点并进行反思。

在高中和大学阶段，提高高阶思维技能可通过以下几种方式：提炼观点、分析论述过程及其中隐含的假设、为论点建构层级结构、创建论证图来支持或探寻一个给定的议题或争论，并以申论形式系统、清晰地交流这一论证过程。例如，关于莎士比亚戏剧出版的争论持续不断，Rationale 软件可对此进行全面的分析（见图 6.5）。这种层级推理结构是所有学科的基

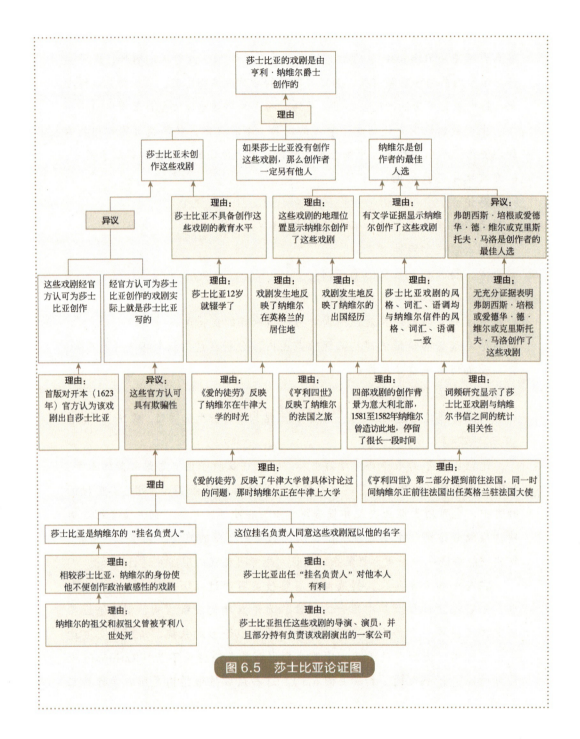

图 6.5 莎士比亚论证图

础，认识到这一点十分重要。在写文学相关的说服性短文、就社会研究领域有争议议题撰写赞成或反对性文章、提出基于实验的科学发现时，学生提出并展示自己想法的能力、反驳其他论点的能力，是必须的。

同理，一个组的学生可以创建一张论证图，再将其转化为文章，然后请另一组同学根据该文章重新建构一张图。这是一种非常好的协作学习活动，同时也证明了解读文章必须会提出问题这一本质以及保证有效沟通需要必要的工具。

商业和管理专业人士发现，在为个人或小组决策模型建立系统、详尽的流程时，论证图非常有用。另外，能否与其他从业人员或者客户进行商业信息沟通经常是一个企业能否成功的关键，用可视化结构建构的想法和论点更加精炼、系统，用这样的想法和论点去沟通交流能使这一过程更加顺利。

在制作论证图时，无论预期结果为何，绘图者对论据的质量和详尽程度都会采取批判性态度，这减轻了记忆大量信息的认知压力。在信息世界中，论证往往复杂、结构不清晰、推理也不尽人意，甚至一些重要的前提，未经深思熟虑或没有明确表达出来。

○ 系统中的反馈和流程

还有一种形式的概念图是基于"相互依存的流程"和系统动力学理论，而不是基于之前概念图、Rational 软件和塔状归纳图中我们看到的概念层级。这种方法始于一个简单的反馈环，可以通过"关联环"（Quaden & Ticotsky, with Lyneis, 2004/2007）流程进行丰富的拓展，直至用 STELLA 软件（Richmond, Peterson, & Vescuso, 1998）进行更复杂的应用。

奇怪的是，虽然我们都在学校的"系统"中工作，但几乎没有人充分地研究系统。我们会谈论、指责"系统"，通过改变特定的部分来调整或动摇"系统"，通过象征性的行为或具体的决定大幅转变"系统"。长久以来，我们对谈论"系统""反馈环"、变化，已经习以为常。但这只是真正变化的起点，就好比盲人摸象——每个人都认为，触碰大象的一个部位就了解了整个大象——其实我们离真相越来越远，并且缺乏观察整体模式的具体工具，因为这种整体模式的存在由来已久，随着时间的推移，决策对系统产生了连锁性的反应和反馈。

用系统方法理解知识的关键，在于辨认系统中的反馈。例如：任何一天，我们饿了就会吃东西。我们选择食物、准备食物，最终把食物吃下去。食物开始在我们体内"穿行"，身体和心理的反应（或反馈）会告诉我们是否得到了满足，对饥饿本能的担心就没有了。身体给了我们反馈信号，感觉很舒服。但是如果我们吃得太多的话，反馈信号来的很慢，我们就会感觉很胀。在这一进程中，身体系统中很多部分（主要是消化系统）都参与了，但这是受大脑支配的。当然，营养会对我们的身体和心智产生短期甚至是长期的直接影响。尽管其中部分过程看似是线性的，但整个过程不是。相反，身体作为一个系统，正在积极地响应身体内部和外部的系统。

此外，我们的身体系统受吃这一心智模式的驱动。我们的行为习惯是由文化影响、社会经济阶层、地域差异和个人口味塑造的。大多数美国人吃肉，一日三餐，晚餐吃得多，如今还吃很多加工食品和快餐。这些因素不仅仅影响到人们什么时候会饿，还影响到吃什么、在哪里吃（比如在车里）。亚特兰大就有一个体现心智模式力量的例子，亚特兰大的一位议员试图将快餐厅的"汽车穿梭"窗口非法化，以缓解城市雾霾严重的现状。他认为，这些不愿下车取餐的快餐店顾客的心态对雾霾问题既有象征性的影响，也有实际的影响。这个例子表明系统之间的联系比以往更复杂：我们吃什么、怎么吃，直接影响到了其他系统，如空气质量。

重要的是，上面的例子是以纯线性的形式通过句子的逻辑推演来呈现的。以线性方式描述情境时，我将相互联系的观点和概念按照语法规则连接起来，而不是进行空间上的连接。用反馈环和系统的方法生成互联图表，这是体现相互依存关系的图像式语法。下一节中，我们将探讨由罗伯·奎登（Rob Quaden）和艾伦·蒂科茨基（Alan Ticotsky）开发的一个过程，这个过程用"关联环"帮助教师和学生建构从层级思维、线性思维转向系统、动态思维的能力。你可从 www.clexchange.org 下载他们的书《变化的样子》（*The Shape of Change*）中完整的单元设计以及其他内容用于教学，并将这一方法介绍给各年级的学生。下面是他们作品节选：

关联环——罗伯·奎登和艾伦·蒂科茨基

生态系统建立在生物体及其生存环境之间复杂的相互关系基础之上。通常，一个物种数量的变化会导致其他物种的意外变化。理解和呈现某个变化的网状关系对从事此项研究的科学家来说是一项挑战，更不用说试图理解这些复杂情况的读者了。在这节课中，学生们读了一本文笔优美的科普书中的一章，然后用关联环阐释自然界的奥秘。苏姗·E·昆兰（Susan E. Quinlan, 1995）在她的一本信息丰富又颇有娱乐性的书《木乃伊小猪案例及其他大自然之谜》（*The Case of the Mummified Pigs and Other Mysteries in Nature*）中写了14个描写生态学家研究的真实故事，这些生态学家苦苦思索生态系统运行的方式及其中原因。

生态学家们解读大自然的奥秘，通过阅读他们的作品，读者就会发现生物体之间常常令人惊叹的有趣联系。"双子岛案例"探索了同一链条上的两个岛屿周围海域生态系统为何差异巨大的原因。学生在用关联环追踪这个故事中的因果关系时，发现了一个关键物种，一个对整个生态系统平衡具有重大影响的物种。

步骤一：读"双子岛案例"，学生们可以独立阅读、共同阅读或者听别人朗读。

步骤二：创建一个关联环，概述一下故事中的情况。让学生表达各自

的观点,并鼓励他们评价别人的观点。学生可以在继续共同完善心智模式的同时随意修改自己的绘图。下面是"关联环"规则:

1. 从故事中选取一些满足如下所有标准的要素:它们对故事中的变化来说很重要;名词或者名词短语;在故事中有增加或者减少的变化;

2. 在环的周围把你选的要素写出来,不超过5-10个;

3. 找出能够引起其他要素增减的要素,用箭头表示从因到果的关系,这种因果关系应当是直接的因果关系;

4. 找到反馈环。

步骤三:学生们画完带有因果关系箭头的"关联环"之后,分享一下,这部分是课堂讨论的重点。在黑板上画或者利用投影仪放映一个大大的圆环,让每组提议一个要素放在环中。提炼要素,使总数不多于5-10个。要求每组讲解因果关系,并阐释这一直接因果关系的推理过程,鼓励其他组提出需要解释阐明的问题。学生在解释推理的过程时可以参照文本。图6.6为"双子岛案例"关联环的一个例子,画法可以有多种。

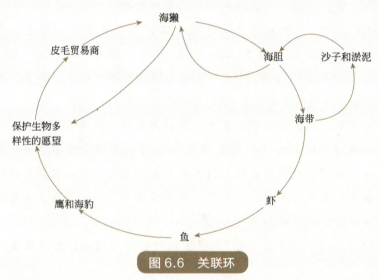

图6.6 关联环

资料来源:Reprinted from *The shape of change* (2007) by Rob Quaden and Alan Ticotsky, with Debra Lyneis, published by Creative Learning Exchange (www.clexchange.org).

让学生解释他们画的箭头：某一要素的变化是如何直接影响另一要素变化的？如：毛皮贸易商数量的增加导致了海獭数量的减少，因为贸易商捕杀海獭。同时，贸易商的减少导致了海獭数量的增加，因为海獭可以安全地繁殖。

鱼吃虾，鱼的数量会随着虾的数量增加而增加，随着虾的数量减少而减少。海藻植物能够使海水平静，有利于沉积物沉积，海藻植物的增加会导致沙子和淤泥的增加。注意：增加的沉积物会埋没海胆，导致它们数量减少。学生可能会画一个箭头，暗示海藻植物数量的增加导致海胆数量的减少。但这不是一个直接原因，提醒学生思考时要特别注意是什么导致了什么。

步骤四：让几组学生追踪封闭"环"。他们是否能够从一个要素开始，沿着"环"的因果关系箭头，最终回到起点？每一个路径都是构成整个故事的一个反馈环。给追踪的每一个反馈环涂上不同的颜色。学生走完一个反馈环之后，让他们画一个简单的图，仅包括他们追踪过的反馈环的要素，如下一个例子所示。学生的画法会有所不同。下面的循环显示了一个大的反馈环，追踪这个反馈环可以看到完整的故事。

从顶部开始，因为海獭吃海胆，海獭数量的增加会导致海胆数量的减少。海胆的减少会使海藻植物数量增加。海藻数量的增加导致虾数量的增加，从而导致鱼数量的增加，鱼数量的增加又导致鹰和海豹数量增加。野生动物丰富时，人们不再那么担心生物多样性，保护生物多样性的愿望也就会降低，允许交易者的数量增加，所以最终海獭的数量开始减少。

这是一个平衡回路。我们从海獭数量的增加开始，但是在循环中，一连串的事件导致了海獭数量的减少。如果我们再次追踪这个回路，从海獭数量的减少开始，最终就会变成海獭数量的增加，总是在这个环内来回平衡。

海獭和毛皮商：关于海獭和毛皮商之间的联系还有另一个可能的回路。沿着这个回路，我们发现19世纪毛皮商人的增加导致海獭的数量减少到了危险的低水平。人们意识到海獭的减少时保护生物多样性的愿望就会增强，从而导致了狩猎的减少。这也是一个平衡回路：任何改变都会使其自身在这个回路内恢复。故事变得复杂了，但别担心，学生在建构和谈论自己画的环时，故事就会简单多了。这就是要先画"关联环"的原因：学生可以理解和交流那些用传统工具难以表达的想法。

步骤五：当大家在课堂上共享反馈环时，找出出现在多个反馈环中的要素。大多数事件都含有重叠循环。这个图表将之前所有环联系起来，追踪这些缠绕在一起的环，注意观察海藻类植物是如何为虾提供食物的，又如何触发了生物多样性的增加，同时也引起了沙子和淤泥的堆积。沙子和淤泥增多使海胆数量减少，进一步促进了海藻植物的生长。在这个图中，海胆和海獭这两个要素均有两个箭头自他们引出，表明他们的数量变化会造成多重结果。一个生态系统是一个微妙的诸多反馈环的平衡。学生发现了这些相互依赖的关系，就会认识到自然系统的复杂性。

步骤六：每组从环中选择一个要素，并绘制一个从19世纪后期猎人到达一直到"双子岛案例"完成时这段时期，事物如何变化的行为转换图。强调一下，图形的总体形状很重要——我们没有具体的数据，因此不可能精确。分享这些图，要求学生解释一下这些图是如何与他们画的"关联环"联系起来的。

○ 系统思维

这种高度限定的相互依存的反馈环语言，有助于学生展示和分析动态系统（生态系统、身体系统、经济系统、政治系统、社会系统和太阳系）的心智模式，而不必仅仅依靠线性写作来传达相互依存系统。我们开始以可视化方式表征这些相互交织的系统时，"线性的局限性"就显露出来了。让我们来看看以系统思维和图表作为主要学习工具的学校的学生，如何呈现饥饿问题。下面介绍一个简单的反馈流程图（图6.7）。

思维地图：化信息为知识的可视化工具
Visual Tools for Transforming Information Into Knowledge | 149

背景：系统反馈环已被用于诸多领域，用于体现周期：有一种简单的反馈环，每个小学生都学过，即降水周期。当学生们学习捕食者—猎物间的关系及食物链时，反馈环被用于显示系统中各变量间的动态相互关系。系统思维作为一种理解世界的方式，演变自20世纪50年代在工商业领域的应用，后因麻省理工大学彼得·圣吉（Peter Senge）的研究而在教育领域获得了知名度。虽然系统思维不一定要用反馈环绘图，但我们很难想象不使用可视化手段如何表现某个系统及其内在的所有复杂的相互关系。

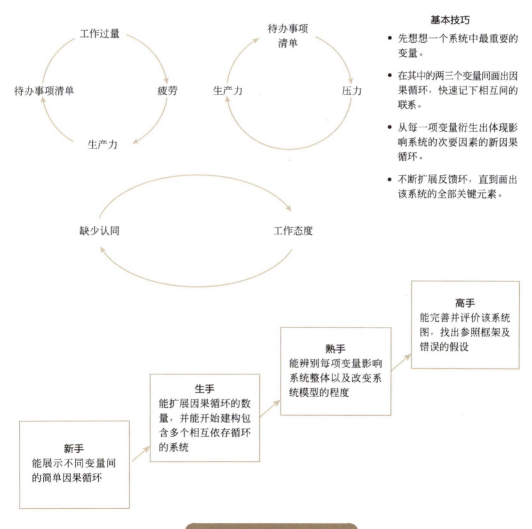

基本技巧

- 先想想一个系统中最重要的变量。
- 在其中的两三个变量间画出因果循环，快速记下相互间的联系。
- 从每一项变量衍生出体现影响系统的次要因素的新因果循环。
- 不断扩展反馈环，直到画出该系统的全部关键元素。

图 6.7　系统反馈环概览图

每个学校都有培养学习和衡量进步的隐性和显性方法。学校与学校之间的差异往往是看不出来的。但在默多克中学，彼得·圣吉的五项原则（个人掌控、心智模式、共同愿景、团队学习、系统思考）张贴在每个教室，系统反馈（系统思维语言）是教师教学和学生学习的共同思路。这所学校坐落在波士顿郊区切姆斯福德的一栋普通写字楼的低层，大约有175名中学生在这个创新型学校里读书。学校的章程中写明，让这个学校毕业的学生成为解决问题的能手，他们能：

- 进行系统性思维；
- 研究各种可选项；
- 侦测心智模式；
- 探索并提出相关问题；
- 做出有充分依据的决策；
- 对过程进行评价；
- 将知识应用于现实情境。

这些目标可通过多种手段实现，包括对工作人员进行充分的培训，如培训他们掌握系统思维、反馈流程图以及彼得·圣吉的五项原则。这五项原则以跨学科主题为重点，且符合马萨诸塞州教育部制定的标准。几年前我到这个学校，与校长会面后，由两个学生引导参观了校园，发现它与其他学校并没有什么不同。拐第一个弯时，我看见两名教师走进教室叫一名学生。"喔！"教室里传来典型的七年级学生的喊叫，大家期待着这个女孩被训斥。其中一位教师笑着说："你们得去检查一下心智模式了——我们想和她谈谈她即将得奖的事。"教室里一片寂静。

语言学家、认知科学家、商业管理理论家和顾问以多种方式描述过心智模式。基本来讲，心智模式是指一个人（或者一个群体）所具有的关于一个系统或者其中的一部分如何运行的理论或者框架。它包括思维方式以及与之重叠的关于事物或人如何行动的参照框架。在这个例子中，学生们知道了心智模式的基本定义，因此，能够对他们进行教育的时刻到来时，他们受到警醒：他们过去一直在盲目地、不加思考地解释情况。

系统思考的第一步是意识到我们的阅历、知识、文化、信仰等"系统"深刻地影响着我们学习新事物的内容和方式。一个系统并不简单，它所包含的种种心智模式能够严重影响我们观察全局及从漏洞百出的假设中抽身的能力。

系统思维（通过建模工具表征）要求我们通过反馈环来建构、挑战、评价我们的心智模式。这次访问时，默多克中学的学生们正在认真学习一堂关于饥饿的单元课程。几个学生正研究着印度以及这个幅员辽阔的国家的饥饿状况的动态。大多数学生也用头脑风暴网络图生成观点，如一名学生所说，系统环和图表"更难"。例如，一个八年级学生创建了体现一组动态关系的基本反馈环，这只是起点（参见图6.8）。这两个中央环路相互促进：随着农场建设的增加，食物也会增加，健康人口数量很有可能也会增加。同时，新的农场也创造了更多的就业机会，使用了更多的土地。就这个案例中的可用土地而言，这个"平衡"回路可能会对新建设产生积极的或者消极的影响。

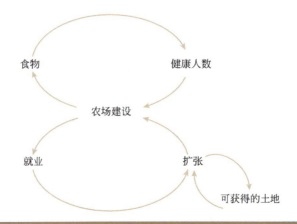

图6.8 默多克中学八年级学生创作的反馈环：印度就业/营养的成功

马特·劳制作。

此后，学生马特·劳（Matt Lowe）对印度的饥饿问题进行了延展性的研究。马特没有研究农业发展这类支持性项目，而是研究了投资核试验的资金问题（图6.9）。我们看到从这一起点发出的大量反馈环连向每个变量。马特明确了一个问题，然后用一系列相互连接的反馈环对其进行分析。最终，他提出了解决方案及可能的结果。重要的是，这位学生分析了系统中的相互依存关系，并且随着分析的推进，所有环整合了起来。马特不只是试图指出问题的某些部分，而是展示了它们与整个系统的关系。反馈环中，这些关系似乎比较复杂，但从另一层面来看，与用线性形式来展示该问题相比，其复杂性理解起来更容易。当然，我们最感兴趣和最重要的问题总是复杂的，总是存在于系统之中的。

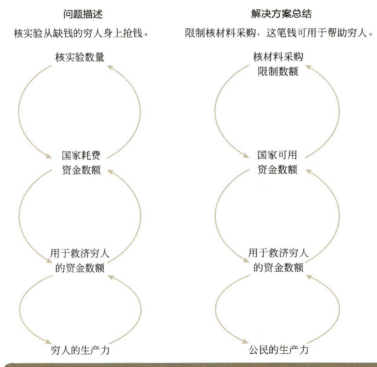

图6.9　默多克中学八年级学生创作的反馈环：印度的核实验影响

马特·劳制作。

○ 留下痕迹

默多克学校的学生、教师和管理人员把系统思维运用到所处的环境及彼此互动中，是很自然的事。事实上，大量证据表明这种思维方式是在学习者日常生活中形成的——在定期举行的校务会议上，全体师生聚集在一起讨论大家的需求。

每个人都是"系统"的一部分，如果学校不关注每个人，那么整个系统（不仅仅是这个人）可能会随着时间的推移而受到不利影响。例如，学校的一名学生被诊断出对香水和香油严重过敏，学校全体师生达成一致意见（学校采用了协商模式来决定），这栋楼里任何人都不使用香水、香味乳液、古龙水。这种系统方法也许看似是一种同理心分析法，但相比于通过品格培养项目来迫使学生们"彼此爱护"，它可能是一种更深入、更能充分协调的方式。

在默多克中学，人们用这样的语言讨论着各种问题，如出勤问题、冲突问题、大楼里成人和青少年的行为问题等，而且这种对复杂系统的动态性和对行为的暗示作用的分析理解，并非发生在一时半刻，而是持续的。因此，问题导向式学习和现实生活中的问题是这所学校试图理解系统缩影的延展。

有一个词似乎是这种理解的具体表达，这个词在课堂上、会议室、走廊里经常听得到，那就是"雁过留痕"。这个词更像是涟漪效应的隐喻（涟漪效应是指把一个石头扔进池塘里会产生涟漪）。但在这个例子中，让我们斟酌一下系统思维：行为引起的涟漪效应，往往不是只在短时间内存在，也不是以统一的形式存在，然后就消失了。"留下痕迹"这个观点与新的科学范式和常识一致。我们所做的事情可能在短期内就会产生复杂的效果，并会对未来的行为以及系统内的行为造成永久的影响。

"留下的痕迹"可能是积极的，也有可能是消极的。例如，全校一致同意不用香水，让其中一名同学感觉到受欢迎、健康，由此产生了短期影响。这一决策过程为学校重视关系、重视过程、回应学校里的不同需求开了一个先例。这样的行动还会影响到学校未来的学生及其中很多人的生活。

"留下痕迹"也为系统思维提供了一个很好的隐喻：即心智模式可被追溯、可被改变；变化是持续的；变化是复杂的，有多种路径、反馈和流程；如果要理解某一想法、概念、感受或行为的整体，理解整体的每一部分更加重要。这个隐喻使我们意识到，整体要远远大于各部分简单相加之和，因为各部分之间存在着相互依存的关系。这些模式和过程一样，值得我们思考。

○ 可视化表征的整合：运用可视化单元框架开展教学

在这三章中，我们探讨了头脑风暴网络图、组织图和概念图工具的例子。教师通过课程或单元学习培养学生的思维模式时，这些工具已经成为学生的重要帮手。如前文所示，这些工具的应用并不彼此孤立，都要求学生能够独立、跨学科使用。从某种意义上说，本书列举的可视化工具，其重点在于提升对单元学习的微观或宏观要素的概念理解。试想，如果可视化工具成为一种主要媒介，学生和教师通过这种媒介彼此协作，逐步可视化地呈现整个学习单元以及该单元各个部分的微观层次，会怎么样。

克里斯汀·艾伦·伊薇提出的可视化单元框架（Unit Visual Framework，简称"UVF"）教学就体现了上述可视化工具的应用及精细程度。学生和教师一起列出一份学习草案贴在教室的墙上，可视化地展示单元学习的重要部分。学生可以个人、小组、全班的方式，对展示内容进行拓展和更新。这样，大家在整合学习过程、加深理解时，就共同探讨、理解了概念的含义、展示方式以及概念间的相互关系。

下面是单元、可视化、框架等术语的解释，图 6.10 是对上述术语的可视化表征。这些定义直接摘自伊薇所著的《运用可视化框架开展教学》（*Teaching With Visual Frameworks*，2002），这本书资料详实，用于指导教师学习这一教学法：

> **单元：**可视化单元框架将整个单元的学习从头至尾组织在一起。单元的定义是：学习经历的一个发展阶段，这些发展阶段组合在一起确保为达成清晰的目标而进行深入的学习。
>
> **可视化：**学生和教师共同制作一个可以不断增添内容的课堂展示墙（若墙面空间不足，可用其他形式），包括一张带插图和文字的核心图。还可制作一个便携版本的核心图供个人使用。
>
> **框架：**可视化单元框架明确了教学目标的重点，并使师生保持对重点的关注。这样学生和教师在追求多种教学体验时，能够始终清楚正在学习的内容，与学习目标保持关联。

正如伊薇在她的文章中描述的那样，可视化单元框架是"有机的"——从某个单元的具体学习过程演化而来——同时又高度关注单元学习的重点，即内容和概念。教师指导、协调着学生个人和小组的学习活动，在展示墙上不断拓展组图的草图。学生通过拓展个人的"便携式"可视化单元框架来修改班级的可视化单元框架，以保存个人见解，并借此进一步扩展他们的想法。通过对学科知识和概念性理解的可视化处理和整合，这样的"展示"就成了单元学习的评价重点。

一位六年级的教师金杰·本宁（Ginger Benning）提供了一个教师和学生共同制作作品的例子。对她而言，很重要的一点是："将概念可视化使我能看到全局。我也看到学生们学习了事实和大概念，以及他们参与这一过程并被赋予决策权时的热情（Ewy，2002）"。伊薇的书中某一完整章节后，有一个关于地球科学进展的单元"地球是一个系统"，是由金杰主导的。这一章节展示了遵循以下通用顺序过程的效

图 6.10 运用可视化框架开展教学:我脑海中的画面

资料来源:Copyright © 2003 by Christine Allen Ewy. All rights reserved. Reprinted from *Teaching with visual frameworks: Focused learning and achievement through instructional graphics co-created by students and teachers*, by Christine Allen Ewy.

果：1. 引导学生制作所学单元的图表，2. 展示学生制作的显示单元重点的系统化图表，3. 扩展学生的图表，4. 更新被展示的图表（UVF）。图 6.11 展示了金杰的地球科学单元中，班级和抽样学生尚未完成的可视化单元框架，这些版本中没有标出单元重点问题。

图 6.11　地球科学课与便携式可视化单元框架

资料来源：Copyright © 2003 by Christine Allen Ewy. All rights reserved. Reprinted from *Teaching with visual frameworks: Focused learning and achievement through instructional graphics co-created by students and teachers*, by Christine Allen Ewy.

有一点很重要，我们需要认识到：开发班级和学生个人的可视化单元框架的过程，就是学生和老师对来自许多相同渠道的信息（这些信息是任何一位优秀的教师都可能带来的）进行评价的过程，并且可视化单元框架能把所学单元用一系列可视化的方法整合起来，这样所有的学习内容就能有意义地综合在一起。在任何一个可视化单元框架中，学生和教师都可以使用配有图解的头脑风暴网络图、组织图和概念图，当然，还可以使用文本，从概念上将课程学习整合起来。注意，图 6.11 中学生的两个可视化单元框架图（地震的类型和火山的类型）都是用层级来陈列信息的，它们并排展示，给人一种系统动态图的观感，展示了知识的相互依存性。在讨论所学单元的关键问题并协商一致后，学生们的这些图，将会部分地融入班级不断改进的可视化单元框架中。这样有重点地协商观点和概念，其丰富的意义不应被低估，因为学生眼前摆着一大堆展示学习单元中各部分内容如何在概念上彼此衔接的有意义的表征方式。这就意味着，学生通过概念化地呈现知识，最终班级对概念的共同理解能够被保留、改进并记忆。

在创建可视化单元框架的过程中师生共同生成知识，这体现了质的变化，朝向布鲁姆分类学中学习的最高层次变化，也朝向系统反思思维模式（元认知）层面变化，这在课堂上很少见。可视化单元框架的制作过程及成果，使学生和教师能够退后一步，更细致地审视所学到的知识以及他们如何整合彼此的理解。而学生还要进一步完成其他学习任务，如一篇短文、一份报告或一次口头展示，这时候可视化单元框架便可以作为进一步应用或评价的资料。焦点问题在规划、指导学生的工作方面发挥了重要作用，这是整个过程的关键（Ewy，个人交流，2006），本章探讨的其他概念图方法也是如此。运用指向单元学习重点的（焦点）问题，对开发和有效利用可视化单元框架以及进一步提升学生今后自问这些问题的能力，至关重要。

用这个例子来结束本章很不错，它整合并反映了概念图可视化工具的关键点：学生有了工具；实践性、协作性地运用；概念性的深度；学生元认知能力的培养。它还通过一个正面的例子展示了只用一种可视化工具（或只用一种概念图）的不足或我们对此的担忧。引入多种可视化工具并示范它们的用法，以此作为学习基础，学生将不再是通过单一的镜头看概念世界，他们会透过一系列概念结构来看世界，因此能够适应需要不同思维模式的学科学习。我们接下来看另一个可视化工具的整合例子，这是一种形式已经分化的语言。学生、教师和领导团队通过这种语言进行探讨，并将信息转化为有意义的知识。

第七章
思维地图：可视化工具的综合语言

　　前三章已经展示了促进创造性思维、组织性思维及概念性思维模式的多种可视化工具。我们能看到学生如何在所展示的"可视化图式"中理解他们已知的知识，以及如何通过这些丰富发展的可视化工具去理解、同化新信息和新概念：头脑风暴网络图培养创造力，组织图为分析性的内容构建模型，绘图工具聚焦于更深层次的概念理解。因此，思考如何把这些各不相同的工具综合在一起搭配使用，并以可行、有意义的方式给到学生那里，使他们最终能够掌控自己的思维模式，这具有现实意义。

- 如何协调以学生为中心的可视化工具，使其具有生成性（如头脑风暴网络图）、分析性（如组织图），并且聚焦于概念学习？
- 这样组织可视化工具有何理论基础？我们该如何组织和结合这些可视化工具？
- 这对学生、教师以及学校领导来说，如何发挥切实作用？

这些长久以来我问自己的问题，将在这一章给出答案。这个答案得自于 20 年的理论研究、定量和定性的论证结果，以及在从幼儿园到大学的各类学校中推行思维地图的实践经验。

跨教育领域研究发现的证据表明，非语言表征是学生学习的关键。《有效的课堂教学》（Marzano，Pickering，& Pollack，2001）、《培养阅读型大脑》（*Building the Reading Brain*，Wolfe & Nevills，2004）以及《把阅读放在第一位》（Armbruster et al.，2001），这些研究都得出结论，非语言表征是提高学生学习能力的必要工具。这些研究人员，及近 75 年来认知和神经元领域的研究人员，都证实了基础认知模式是学生学习的基础。这种思维模式与非语言表征的联系就是思维地图的基础，思维地图是一种包含八种（依据基础认知技能定义的）非语言表征方式的语言。本章将介绍这种可用于思考、学习、教学和领导（实践），结合了非语言表征及基本认知技能（理论）的通用可视化语言，它也是经课堂实践证实能为所有学生融合创造性思维、分析型思维和概念性思维的语言。

"思维地图[1]"的概念于 1986 年首次被提出，是一种视觉－语言－空间认知模式工具的语言。自 1990 年以来，通过在美国国内外的 5000 多所学校进行必要的专业拓展培训和系统的后续指导，"思维地图"现已得到推广。（Hyerle，1988–1993，1990，1993，1995，1996；2000b；Hyerle，Curtis，& Alper，2004）。通过专业开发过程（包括培训、后续辅导以及在阅读、写作、数学和技术方面的深入应用开发），众多小学、初中和高中的教师、学生和管理人员在推广的第一年学习了这种语言。这种交互式专业发展的最初成果是，教师们经过多年的共同努力明确教会了他

---

[1] 术语"Thinking Maps"和"Thinking Maps"的八种地图已经注册商标。未经"思维地图有限公司"许可，不得使用术语"Thinking Maps"亦或"Thinking Maps"的八种导图图式。思维地图在课堂实施之前，必须经过特定的培训。思维地图和培训相关详情请咨询思维地图公司，1-800-243-9169，www.thinkingmaps.com。——原注

们的学生如何流畅地、以独立或合作的方式使用可视化语言，以深入学习各学科，并将同样的思维语言迁移到不同的学科、不同的年级，从而使所有学生实现认知的连续发展。

本书引用的非语言表征和组织图相关科学研究，以及1990年以来的学术出版物记录的大量考试成绩和定性证据，都论证了"思维地图"的有效性。最近，来自美国、新西兰和新加坡的十几位教师——从好学校到差学校，从城区学校到农村学校——在《让学生成功的思维地图》❶ 一书中展示和记录了思维地图的实施结果（Hyerle，Curtis，& Alper，2004）。

在这一章，我们首先会了解思维地图的历史背景以及这种可视化语言的定义。然后我们将探讨思维地图的实施规则，展示随着这种语言多年来成为学习、教学和领导力的共同基础，学生、教师、管理者和全校目标在五个层面上的发展。这将为研究三种角色（学生、教师、领导）提供框架：在极贫困地区英语学习人数众多的学校中的学生表现；教师依据"给标准绘图"项目（Mapping the Standards）将思维地图深度应用于学科教学；以及使用思维地图进行领导实践的学习型社区的演变。

这本书的最后一章将呈现一幅更大的画卷：在一个专门针对学生语言和学习障碍的学校，多年实施思维地图后发生在教师和学生身上的变化。

○ 思维地图简史

思维地图是我在构思一本旨在提升中学生思维技能的学生指导用书《拓展你的思维》（*Expand Your Thinking*，Hyerle，1988-1993）时创建的一种语言。思维地图

---

❶ 《让学生成功的思维地图》，英文书名为：Student Successes With Thinking Maps: School-Based Research, Results and Models for Achievement Using Visual Tools，是海勒、柯蒂斯和阿尔帕合著的一本书，中文简体版将由化学工业出版社出版。——编者注

从理论上、实践上发展成为一种学习、教学、领导的语言，经过了四段重要经历。

第一段经历发生在 20 世纪 80 年代初。在（加州大学伯克利分校）攻读教育学文凭和开展"海湾地区写作项目"的教学中，我了解到，不管哪个学科，学生都能用头脑风暴网络图将他们的思维可视化地展现出来。如第四章所示，当学生对所学或所写的内容的正误理解都浮现出来时，我们就能评价我们关联了哪些学科观点以及如何将其关联在一起。我把东尼·博赞的思维导图技术教给了学生们，他们的写作和思维能力得到了提升。之后，我和学生就碰壁了——思维导图的网状图都是从中心向外延伸的。这种反复使用的可视化模式没有反映出学科中的丰富思维模式：太多不相关信息散落在页面各处，观点连贯性不够。因此我问自己："进行头脑风暴以后，应该怎么做呢？"

第二段经历发生于 1983 年。在参加亚瑟·科斯塔博士主持的研讨会后，我发现基本认知技能和思维习惯（当时称为"智能行为"）的直接提升，会促进学生在布鲁姆分类法各层次的学习。我从这次经历中认识到，*教师教育的核心是：精心训练认知技能，协调学生思维，向学生提出反思性问题使他们成为元认知型、自我评价且独立的学习者*。如果没有做到这些，学生就会因为没有自主思考的工具被信息和概念性的挑战淹没。研讨会之后，我受邀成为新成立的由亚瑟·科斯塔博士和罗伯特·伽姆斯通（Robert Garmston）领导的*认知指导*® 团体的一员，专注于校内督导。此时我发现，在督导、训练同事的过程中，我们向彼此提出的反思性问题，和我们为促进学生思维过程而向他们提出的问题，是相同类型的。我还意识到，对这些复杂问题的回答可以纳入促进元认知的可视化地图中。

第三次影响深远的经历发生在 20 世纪 80 年代早期，是我在联邦政府资助的教师团队工作的那两年。这一教师团队旨在引导新教师进入城市教育。我获得了开展两个阅读项目的机会，这两个阅读项目旨在将学科学习与思维技能发展系统结合起来。其中一个项目名为"思考!"(THINK),涵盖了从语音意识到八年级水平的深度阅读理解。第二个项目称为"直觉数学",涵盖了从基本数字识别到八年级的数学和算术。这两个项目都注重三方面的成果:学科学习、每门学科的基本技能,以及教会学生使用由不那么知名的语义学家、教授艾伯特·厄普顿(Albert Upton)博士开发一种的基本认知技能模型。这在这个项目中我了解到,我们可以在教授学科知识及基本技能的同时,把认知技能也明确地教给孩子,这种结合对学习来说,至关重要。

厄普顿的理论著作《思维设计》(*Design for Thinking*,1960)描述了六种基本的认知技能:在语境中定义"事物"、描述、分类、部分-整体推理、排序以及类比思维。尽管这些基本思维过程为所有认知心理学家和教育家所熟知,但厄普顿对这些认知过程的定义以及他揭示这些技能如何独立或相互作用的能力(运用一些关键的图像表征方式),让我明白了一点,即从儿童到成人的学习中,这些思维方式是各个层次的复杂思维的中心。这些认知技能在每一个复杂的层次上都起作用,而且永远不会消失。

我在加州奥克兰市中心一所4~8年级的学校里教这种方法,学生主要是非洲裔美国人,大多数人阅读和数学两门课的得分均为中下水平。几周内,学生们都很活跃,我看得出他们有丰富的思维,而这一点并没有反映在他们以前的考试成绩上。随着时间的推移,这些学生的考试成绩显著提高,他们的高质量思维与测试到的结果相匹配。20世纪80年代初我职业生涯之初的这段经历,让我切身了解到所谓的"成绩差距",以及学校种族隔离的结构性不平等、经费不平等,这些问题在今天的教育中仍然存在(Kozol,2005)。我也看到了"钟形曲线"❶思维模式的谬误,

---

❶ 钟形曲线(bell curve),又称拉普拉斯-高斯曲线或正态曲线,是一根两端低、中间高的曲线,最早被数学家用来描述科学观察中量度与误差两者的分布。后被借用到心理学领域,用来描述人的特质量值的理论分布。——编者注

并倡导提升所有儿童的思维能力。对钟形曲线的重建，也让我拒绝相信智力"缺陷模型"的狭隘文化框架。这种模型盲目地预设了非洲裔美国人和其他种族、民族群体在智力上不如占主导地位的白人。这些结构和制度框架依然在影响着我们今天的教育，但因为当时的教学经历，我透过许多城市的教室看到了改善这一糟糕状况的微光。学生需要明确的工具来帮助他们思考，并将孤立的信息转化为相互关联的知识。

最后一次对我影响很深的经历，是在加州大学伯克利分校攻读博士学位时我所修的课程以及导师乔治·莱考夫博士对我的指导。他的研究使我了解到隐喻、心理模式和"框架❶"对人类认知的影响。尤其是参照框架，无论是信仰体系、语言的基本话语❷，还是文化财富，都直接而深刻地影响着我们每个人如何看待和思考这个世界。莱考夫的跨文化研究和著作表明，分类、比较、排序和因果关系等基本认知技能，都是由我们的经验基础建构的。这种经验基础可见于语言、文化和认知结构之中（Lakoff & Johnson，1980）。当我在研究认知过程如何与动态图式以一种尴尬的舞姿共同起舞，以便让新的经验为大脑和心智所接受时，框架语义学❸理论变成了我的引导性概念。

正如下面几节所述，根据亚瑟·科斯塔关于元认知的洞见，思维地图模型中的每一种认知模式都以明确的可视化的矩形参考"框架"为基础。学生对内容进行绘图后，便可以在图的周围画上框架，并在框架内填上任何可能影响他们观点的信息

---

❶ 框架，这一概念源自英国生物学家贝特森（Bateson），由加拿大社会学家戈夫曼（Goffman）将其引入到文化社会学领域，他在《框架分析》一书中这样定义框架，是"人们用来认识和解释社会生活经验的一种认知结构"，是"个人将社会生活经验转变为主观认知时所依据的一套规则"。——编者注

❷ 基本话语，语言学中的术语，英文 primary discourse，也译为主语篇。——编者注

❸ 框架语义学，由美国语言学家菲尔墨（Fillmore）在 20 世纪 70 年代末提出，为人们提供了一种理解和描写词的意义及语法句式的方法。框架语义学认为，为了理解语言中词的意义，首先要有一个为词在语言及言语中的存在和使用提供背景和动因的概念结构，这个概念结构就是语义框架。——编者注

或体验。这样便确立了与每张图承载的思维相关的元认知立场。

以上所述的四段经历——可视化头脑风暴、认知技能、课程学习和读写能力与认知技能的联系，以及元认知框架理论——皆源自我对提高所有学生的思维能力和学习成绩之兴趣，以及我想为自己和其他老师提供有助于调节学生思维的工具之愿望。

○ 将思维地图定义为一种语言

首先，思维地图语言以八种基本认知技能为基础。这八种认知技能（如图 7.1 所示）的理论基础是认知科学研究、心理测试与教育项目所用的思维发展模型，以及厄普顿博士早期研究的一种转化运用，这三者的综合。这一理论模型既不是线性的，也不是层级式的，所形成的八种认知技能分别是：在语境中定义、描述特性、比较与对比、分类、部分-整体可视化推理、排序、因果推理和类比推理。思维地图语言不是一种综合性的思考方式，它强调支持思考和学习的八种基本认知技能之间的连贯性和相互依存性。

这种模式可以在某种意义上类比于英语中的八种词性，它们组合起来生成句子和十四行诗 ❶，而且在使用中没有层级性或线性之分。虽然鼓吹普遍性是危险的——因为这样显得不尊重世界上的不同文化、语言以及认知风格——但在向新加坡、日本、墨西哥，当然还有美国的多个城市以及纽约一些区，说不同语言的学生们介绍这种工具时（涉及的语言、方言至少有 150 种），这八种奠定思维地图的认知基础模式，得到了他们的认同。

---

❶ 十四行诗，是欧洲一种格律严谨的抒情诗体。比较著名的有彼特拉克、莎士比亚、普希金的十四行诗。——编者注

背景： 思维地图®是由大卫·海勒创建的八种思维过程图，是一种语言或"工具带"。每种地图都有固定的图式，且具有灵活性，以易于学生扩展，以体现所学内容的模式。思维地图被推荐给学生，作为阅读、写作和学习特定内容以及学科间调查研究的工具。随着时间的推移，学生们会掌握同时使用多种地图，并熟练地选择适合当前学习情境的地图。思维地图®和思维地图®软件一般通过教师培训和后期辅导在全校推广。

基本技巧

- 首先，把每种地图应用于具体情况，以理解思维过程与思维地图之间的关系。

- 对每张图进行拓展以展示全景，删除地图中的信息，按优先级排列观点，以便进行阅读理解和写作。

- 多个图一起使用，建构相关学习模式，用"框架"识别参照框架。

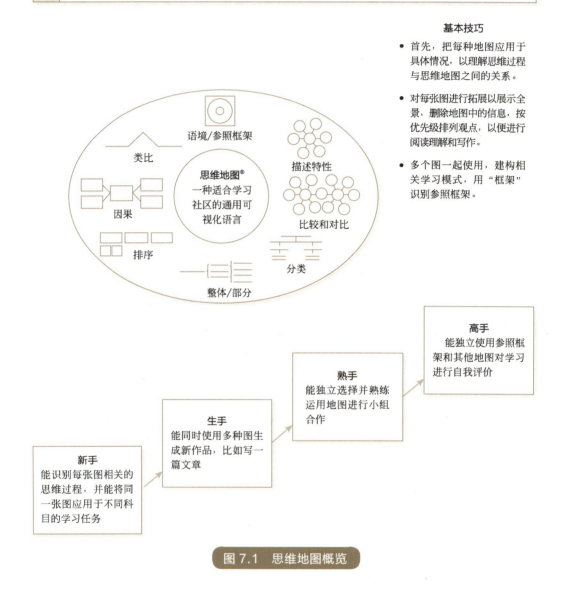

图 7.1 思维地图概览

就像人类有普遍的情感模式，如爱、欢乐和痛苦等，世界各地也有基本的通用认知过程：每个出生在这个世界上的孩子，都要学习如何安排一天的时间、如何对周围的观点和物体进行分类、如何将物体的整体分解成各个部分或把部分组装成整体、如何通过因果推理证明自己、如何通过类比进行推理等。举个例子，如果人们理解事情的因果关系时并不总是有意识的，那么无疑每个人都有理解这种关系的本能。如果我们不能反射性地及反思性地运用因果推理，我们将会在身体上、社会性上或情感上难以适应社会。

理解这八种认知过程的关键在于理解它们之间本质上存在相互依存性。例如，正如我们在第二章中看到的，罗伯特·马扎诺和他的团队已经将"比较和对比"确定为在课堂上行之有效的九种策略之一。当学生和教师学会了八种思维地图（包含了"比较和对比"策略），他们便会明白，想要进行高质量的比较，必须能够描述要比较的两项内容的性质。这条规则的延伸之意就是，如果要进行高阶分类而非一次性思考，学生可能需要对事物和观点进行对比，从而确定它们属于哪种类别以及用于何种目的。我认为，学生对思维技能相互依存性的认识，是如今课堂教学中缺失的一个环节。各层级的教育工作者、心理学家和研究人员，不是以明确的方式把它们教给学生，而是在孤立地教授、测试这些思维技能，暗示其应用，这过于简化了思维过程。思维本是复杂的认知过程，却被简化成孤立的技能发展。而这些认知过程必须协同工作，才能使学生进行布鲁姆分类法中各个层次的思考。在第五章中，我批评组织图总是静态而孤立的，总是以教师为中心而不是以学生为中心，只能用于特定教学任务而不能迁移。不过，当教师把思维地图视为一种包含多种动态认知地图的语言，教会学生独立地运用这些思维地图并在他们的教育历程（K12）中迁移到跨学科领域，那么上述问题就解决了。

这一段将介绍为什么这种语言的名称先后使用了思维（Thinking）和地图（Map）二词，而不是将顺序反过来。每种思维地图的可视化形式都服务于其认知功能——形式服务于功能。这八种可视化地图构成了一种语言,用于对基本认知模式进行非语言表征。而这些认知模式与口头、书面及数字表征系统相结合,并清晰地支持这些表征系统。每一种基础图形,都以可视化方式定义并促进着一种认知过程,都密切地协调、体现着认知模式。不必深入了解这八种地图中每一种的图式发展史,很显然,流程图源于流程表(flow charting)、用于分类的树状图源于传统的分层推理表,用于客观分析部分-整体空间关系的括号图源于经典著作《格氏解剖学》(Gray's Anatomy)。其他每一种地图结构,都源自一个可视化起点,在我多年开发基础图形的过程中逐渐演化而来,任何学习者都可以在任何学科中由简到繁地使用这些基础图形。形成这些可视化形式的主要准则是,它要尽可能地遵循我们人类认知发展史所定义的认知过程的功能。

如前所述,重要的是每种认知过程都受到周遭的文化框架的影响、推动和改变。这意味着每个人都能理解和运用分类认知过程。但分类中又承载着不同的语言、内容、发展过程,文化内部及跨文化的形式。经过玩味、严格测试着这八种地图(每一种作为独立的工具,且一起构成一种相互依存的工具)后,我意识到缺失了什么:一种让学习者可以命名并可视化地表征那些影响、建构着他们思维模式的方式,而这些思维模式是他们在使用各种思维地图时发展出来的。在"框架"这一隐喻中,暗含着促进反思的可视化需求:学习者可以在任何地图周围画一个矩形框架,就像窗框一样,从而提出许多反思性问题,如:

- 是什么在影响我对这些信息的看法?
- 什么样的原有知识有助于或阻碍了我对这种新的学科知识的理解?
- 我为什么选择这种思维地图?
- 我是否应该使用其他或多个思维地图来理解这个观点?

回顾过去近 20 年思维地图在所有学校的实施情况，我们现在知道思维地图非常有效。当学习者在其创建的地图上添加这种元认知参照框架时，为可视化表征提供基础的八种认知过程发挥出最大的作用。这是因为我们不仅希望学生能够进行自我评价和元认知，而且希望他们明白班上或学校的其他同学能够创建不同的知识地图。尊重和理解他人对知识的看法和参照框架，可以提升课堂上的知识创造和跨语言文化交流。

虽然只有八种地图和体现地图创建者文化背景、信仰体系以及视角的元认知"框架"，但其实每个地图都有无数种结构，就像英语中虽然只有八大词类，但大量组合能创建出无数从简到繁的变化来。思维地图的五大本质属性是它们能够无限扩展并能同时使用，就像木匠在建造大楼时使用的多种工具一样（图 7.2）。以流程图为例，这种地图的特性是：

- **图形的一致性** 流程只由方框和箭头构成，并且能展示子阶段；
- **灵活性** 随着原始图形的拓展，流程可以是线性和循环的，也可以多个平行流程相互联结。
- **发展性** 任何年龄段都可以使用它，且用法也可以从简单到复杂。
- **综合性** 可以跨学科使用，且能跨学科解决问题。
- **反思性** 学习者用它评价他们是如何思考的，并可以互相分享或与老师分享、比较各自的可视化表征。

这些既可以单独使用也可以作为一种语言一起使用的工具，它们的这些属性，会直接带领使用者通往更复杂的思维，例如融合了评价、系统思维和类比的问题解决思维。当学生们有了给定的常用图形作为起点，每一个学习者就都能发现、建构并交流关于学科概念的不同思维模式，如图 7.2 中，气泡图周围的参照框架所示，当思维地图作为一种语言来使用时（用于学习和评价的思维技能词汇是其关键），当思维地图与思维导图软件及其他技术一起使用时，以及当它们在多年的跨学科应用中被强化时，尤其如此。

图 7.2　体现思维地图五大属性的气泡图

资料来源：Copyright © 2007 by Thinking Maps, Inc. All rights reserved. From *Thinking Maps®: A language for learning*, by David Hyerle and Chris Yeager. 经授权使用

综上所述，作为一门可视化工具语言，八种思维地图都蕴含了头脑风暴网络图的创新特质、组织图具有条理性和一致性的可视化结构，以及概念图中可见的深层处理能力和动态的空间配置。学习者任何时候都能使用这种思维语言——在纸上或通过软件——去建构、交流由线性或非线性概念构成的思维模式网络。正如后续部分将要探讨的，使用这一包含八种基础图形的语言，学习者和教师得以发现问题，

找到解决问题、完成任务、回答疑问或写相关短文所需的认知技能，并确定哪一个或最有可能哪几个思维地图会有助于解决眼前的问题。

思维地图作为一种基于基本思维技能的可视化工具语言，已被证实是一种用于结合内容和过程教学并进行成果评价的方式。随着整个学校的学生都能熟练使用思维地图，这八种可视化工具将成为课堂中的通用可视化语言，用于促进交流、协作学习、促进理解他人如何思考，也用于持续促进每个孩子终身学习过程中的认知发展。

○ 思维地图推行的五个层面

在参与了思维地图"一日培训"和一年多的后续辅导之后，教师和学生们能独立或协作使用工具，流畅地把学科知识连在一起，一起合作构建思维地图以形成最终的作品。这些学校多数都把 Thinking Maps 软件®（Hyerle，2007）融入到了课堂日常和计算机实验室教学中，创建了一个连接学习者的思维、教师的教学（以互动方式教授内容）和技术的无缝网络。

思维地图也被应用于进行跨学科的阅读理解和写作。《思维地图：学习的语言》(*Thinking Maps: A Language for Learning*，Hyerle，1995；Hyerle & Yeager，2007）这一培训手册包含了内容相关性和思维地图应用方面的案例，这些案例涉及读写能力发展，数学、科学、社会研究、阅读、写作等学科，以及从艺术到体育等所有学校活动。如后续内容所述，教师们通过直接将他们的授课内容和问题，与他们当地、所在州及国家的（教学）标准联系起来，成为应用这些工具的高手。这种变化，是在外部顾问和已取得思维地图后续辅导资格的内部培训师共同努力下实现的。虽然每种地图都是基于一个限定好的思维过程，但教师和学生利用这种相关性，就能全面整合阅读、写作和思维三者之间的必要关联，实现充分的理解和观点表达。

过去的 15 年里，在我们工作过的学校和州推行思维地图的过程中，一种常见的演变过程逐渐浮现。由于思维地图的实施模式是基于全校长期使用，以及所有学生、教师和管理者的直接参与，因此我们制定了一个明确的实施规则作为长期应用的指导方针（图 7.3）。正如你所看到的，学生、教师、管理者和全校发展都在五个层面上演变：

1. 给学校所有参与者介绍思维地图的整体概念，为全面运用这些工具做好准备。

2. 把思维地图的基本运用方式教给所有参与者并不断强化。

3. 把思维地图作为一种语言，在跨学科以及教师和学校管理者交流方面进行横向迁移。

4. 将思维地图及软件纵向地融入学生的协作学习和家庭作业中，以及纳入教学策略和教学项目中。

5. 控制思维地图的执行，使所有参与者熟练运用这种语言，并能够在任何新情况下独立地及协作地巧妙应用这些工具。

由于思维地图是一种可视化语言，不是某个活动、材料或工作表的附加程序，因此这一实施规则的基础，在于一所学校的所有参与者在课堂或在专业会议上运用这种语言直至日趋熟练。"关注为本采纳模式 ❶"（CBAM）可以作为所有学校解码或理解这种创新的过滤器：学校中的参与者学习这门语言，开始审视这些思维地图对自身工作的影响，向校外专家学习，在他们自己的学习社区中培养出专业技能，从而在对工作的内容、过程、结果和评价进行"执行控制"时，能够进行更为复杂、更有创意的应用。

---

❶ 关注为本采纳模式（Concerns Based Adoption Model），由美国学者霍尔（Hall）提出一种研究教师关注的理论。它包括三个维度：关注阶段、课程实施水平和革新构造。——编者注

思维地图：化信息为知识的可视化工具

	1 介绍基础知识	2 教授技能和思维地图	3 跨学科横向迁移	4 纵向综合	5 执行控制和评价
学生	• 意识到即将应用	• 在指导下正确运用和建构8种地图 • 当老师把地图用于新的情境时，能够识别出来 • 确定给当地的思维地图应对或提问题	• 使用思维过程词汇 • 准确而独立地选择思维地图，用于交流所有学科的想法和观点 • 应用多种地图来分析和理解信息	• 用思维地图协作小组工作来拓展、修改和综合想法 • 协同解决问题 • 通过Thinking Maps软件等多种技术，将思维地图应用于家庭作业、设计等多种目标	• 跨学科熟练、独立地使用思维地图语言 • 使用思维地图进行元认知、自我反思和评价 • 让学生自选作品，制作思维地图记录册 • 学术领域外的创造性应用
教师	• 参加包经过培训的"一日培训" • 制定了系统介绍思维地图的计划 • 和同事们聚在一起检查了（年级、学科）实施计划 • 和学生们讨论实施计划	• 清楚地介绍、强化8种地图 • 建模，并运用多种地图演示和介绍学科内容以反概念	• 使用思维地图引导提问和回答 • 鼓励并示范思维过程证移 • 清楚地演示跨学科的思维运用，提升全班学生的思维能力	• 使用思维地图指导和评价协作小组 • 运用思维地图解决问题和课程规划 • 通过思维地图软件，将思维地图用于课程规划、协作学习和评价 • 将思维地图嵌入其他教学策略、结构和措施中	• 熟练使用思维地图进行评价 • 使用思维地图进行元认知、自我反思和评价 • 制作思维地图综合运用的自选集 • 学术领域外创新教学应用
管理者	• 有明确的计划支持思维地图的实施 • 将思维地图用于基本议程或教师角色等数据呈现 • 领导力培训先于思维地图实施的话	• 使用思维地图规划或提升小组会议和全体会议 • 创建多种地图模板，以引入和生成与主题或问题相关的信息	• 使用思维地图进行辅导和监督 • 使用思维地图进行长期规划和学校改进 • 鼓励在整个学习组织中进行迁移	• 在协作工作中使用思维地图进行指导和评价 • 协同解决问题和课程规划 • 通过思维地图等软件，将思维地图用于课程规划、协作学习和评价 • 将思维地图嵌入其他教学策略、结构和措施中	• 在协作解决问题、指导和监督等方面熟练使用思维地图 • 使用思维地图进行元认知、自我反思和评价 • 跨年级及跨学科地进行档案制作 • 在行政职责中进行创新型应用
学校	• 将获得的所有资源和Thinking Maps软件分发给全体教员 • 建立中心区域用于共享/显示思维地图工作	• 展示学生、教师和管理者应用地图的证据 • 让家长意识到地图的实施，并为他们提供机会，使他们适应地图的使用	• 各年级各岗位人员共同分享、讨论和收集地图应用的和推介，以便广泛应用通用语言 • 使用思维地图开展全校数据分析和行动计划	• 年级、部门、家长和志愿者会议中使用思维地图来协同解决问题 • 通过多种技术，将思维地图作为一种工具融入其他教学流程框架	• 在学区的所有成员、家长中交流时，熟练地使用思维地图 • 运用思维地图技术促进跨学校评价的实施情况、发展情况及后续社区内用模式 • 在校外（在更广泛的社区内）创新应用

图 7.3 思维地图推行的五个层面

资料来源：Copyright © 2006 by Thinking Maps, Inc. All rights reserved. *From Thinking Maps®: A language for leadership*, by Larry Alper and David Hyerle. 经许可使用

在图 7.3 中，底部最后一个单元格是实施思维地图的终极目标：某个群体中的所有学习者都将思维地图作为一种真正的语言，用于交流、高阶思维、解决问题以及在学习社区和思维组织的各个层面进行评价。最终，我们将看到，传统的学校权力等级（校长在顶层、学生在底层、教师夹在中间）被平衡或拉平了。这是因为思维地图提供了一种通用的可视化语言，它使人们聚集在一起共同探讨疑问、关注点和难题。这些疑问、关注点和难题揭示着各种从简单到复杂的模式，并创建出一个可视化的公共空间，这个公共空间是大家共同形成的，不是特定职务才有的（Alper & Hyerle，2006）。

如下文的例子所示，这些地图注重呈现学生、教师和管理者等所有参与者在学习和领导过程中的参照框架，并予以尊重，从而激发他们的思维和情感状态。

在第一个例子中，加利福尼亚州长滩罗斯福小学的校长史蒂芬尼·霍兹曼（Stefanie Holzman）描述了思维地图如何成为一种贯穿全校思维的"第一语言"，同时也是学生在母语西班牙语和第二语言英语之间的桥梁。这篇文章摘自《让学生成功的思维地图》一书霍兹曼写的第 10 章（Hyerle，Curtis，& Alper，2004）。在实施初期，所有教师和管理人员都参加了思维地图培训，每年都有一批新教师参加地区性的培训师深度培训，以便该专业技能在学校中不断发展。罗斯福小学现在代表着 CBAM 模式的最高水平：走进任何一个教室，你都会发现老师在创新性地运用这些工具，注重有针对性地、系统地使用思维地图，将思维地图与他们完整的教学项目充分融合，特别是语言发展和课程学习项目，就像我当初做的那样。

此外，跟这所学校的任何一个学生面谈，你会发现他们都能熟练使用思维地图进行跨学科学习。2004 年，我采访了一个五年级的班。很多学生说老师经常鼓励他们独立使用思维地图，这些地图直接地提升了他们的学习成绩，尤其在写作方面。有些学生甚至说他们在家里也用思维地图来解决问题。其中有一名学生成功地将思维地图教给了不擅长写作的读高中的姐姐。

　　罗斯福小学和洛杉矶的几个学校的课堂体验、教师教学和领导力的转变，以及学生的学习成绩，使洛杉矶城市学校语言学习部培训出了300多名思维地图培训师。史蒂芬尼·霍兹曼的洞见为所有学生提供了一扇窗口，使他们看到了差异化的思维模式，这些思维模式独立于语言使用水平、文化背景和社会经济地位。在接下来的部分，她将详细描述考试成绩的显著提升，每一年学生的成绩都远远超出州政府的期望——过去三年提高了182分，而州政府的期望是30分。

英语语言学习者的差别化思维模式——史蒂芬尼·霍兹曼

　　同时学习第二语言和学科知识，是一个复杂的过程。对于一个说某种语言的孩子来说，他的观点、词汇和丰富的思维模式，若在课堂上无法被老师立即翻译出来并理解，将令人十分沮丧。这是因为第二语言的习得明显地妨碍了我们的思维和学习。思维地图成为一种把一种语言思维（西班牙语）译为另一种语言思维（英语）的语言翻译器。思维地图成为我们思考的首要语言，从而支持了我们多语言群体的语言、学科学习和认知发展。重点是，思维地图有助于提升批判性思维能力，甚至对那些仍在学英语的学生也是如此。

　　我们罗斯福小学的所有学生，一年级到五年级，都参加了阅读和数学的标准化考试，其中二年级到五年级的学生还参加了加利福尼亚州（简称"加州"）的标准测试。数学考试的大部分试题也包含了阅读。老师们教学生分析数学题的类型（例如，比较、从整体到部分/从部分到整体、关系、模式）和与每个类型相关的思维地图；一旦学生理解了五种类型的"故事题"，他们就能够梳理出问题的关键属性并将其应用到测试中。例如，在解答词汇题时，一位一年级的学生用圆圈图从题目中找到关键信息，并以圆圈图提供的信息为基础，用流程图列出了解题的步骤和策略。由于学生们在能力上的转变，他们今年的考试成绩与去年相比有了显著进步。

我们学校85%以上的学生进入幼儿园时，都以西班牙语为母语。依据法律，我们必须根据学生的英语水平来有区别地教学。理论上，区别是很简单的：根据学生的个人需求，对他们进行不同的教学。但说起来容易做起来难。思维地图给学校带来的改变之一是，老师在课堂上向不同的群体教授同样的内容时，已经开始为学生提供另一种方式来学习学科知识和展示已学内容。例如，有些老师希望学生将思维地图作为过程，以便生成某个成品；而另一些老师则希望学生将工具作为成品，用于展示他们对学科内容的思考和理解。

在一个三年级课堂上，教师要求学生们理解两个行星的相同和不同之处。所有学生都被要求完成一张对这两个行星进行对比和比较的双泡图，这是这堂课的明确目标。但具体到差异化教学，教师要求英语流利的学生在完成气泡图之外，还要撰写一份相关的报告，而英语尚不流利的学生只需创建一张双泡图即可。教师可以选取两种策略之一（只用思维地图，或同时用思维地图和写作）去评价每一位学生对抽象概念和事实性知识的掌握情况。对英语流利的学生，教师还可以对其书面交流能力进行评价。而她知道，英语不流利的学生则还不具备这种能力。当然，鼓励英语不流利的学生以思维地图的信息为基础常识来撰写报告，也是十分重要的，因为这能为他们搭建从母语通往主流口头和书面语的桥梁。如果能把思维地图当做首要思维语言，那么思维地图将成为学生的词汇积累工具、视觉组织工具和第二外语写作起点。

这些数字来自加州的标准化测试。国家有一个非常复杂的公式来决定预期增长。罗斯福学校被期望在2003年提升11分，而我们提升了60分，超过了这个目标。不仅学校整体进步了，占我们大多数的亚群体：西班牙裔学生、英语学习者和领免费午餐的贫困学生，也取得了进步。2003-2004年度，我们在加州评价中获得了18分，去年又获得了28分。我们还获得了2006年加州第一届学术成就奖。我们仍然不满意。我们在加州评价系统上总分提升了 182 分，而预期值仅为 30 分。

  这里很重要的一点是，教师需要评估学科学习的情况如何，并以学生创建的思维地图为依据去判断语言是否有助于他们理解学科内容，又或者学生对某些内容的理解有误需要重新讲授。要判断一个英语能力不足的学生究竟理解了多少内容往往很困难。教师在尝试了解第二语言学生对内容的掌握情况时，如果学生使用第二语言进行口头和书面表达的能力不足，教师要注意自己是否有必要让学生用第二语言表达。如果要求这类学生写下他们已掌握的知识，用英语写作往往会让他们感到茫然无措。因为他们需要弄清楚英语的词汇、句法、单词拼写和标点用法，同时又得记忆他们已学过的知识。这样一来，教师往往只会评价学生的英语技巧和造句，而非他们的学科知识或思维过程。然而，老师要求学生用思维地图来展示所学内容时，学生就不必专注于英语，他们可以用思维力来传达对内容的理解，甚至不需要用语言来传达信息。大多数情况下，思维地图借助可视化效果（例如杂志上的图画或图片）就可以交流内容。

  资料来源：Copyright © 2004 by Corwin Press. All rights reserved. Reprinted from *Student successes with Thinking Maps: School-based research, results, and models for achievement using visual tools*, edited by David Hyerle, Sarah Curtis, and Larry Alper.

○ 基于标准的主要认知问题

  罗斯福学校的成绩进步和其他更多的成就，都是通过每天老师在课堂上向学生们提出一些基本问题而实现的。这些类型的问题也出现在教科书每章末尾和出版的教师指导用书中。这些基于基础思维模式的问题是地区、州和国家标准的基础。

  这些问题也是思维地图的基础，如下所示。和前面的问题一样，每个思维地图及其周围的参照"框架"都体现了一个反思性问题：

1. 圆圈图：你是如何定义这个（概念）的？在什么样的语境中？
2. 气泡图：属性是什么？
3. 双泡图：它们有何相似和不同之处？
4. 树状图：这些事物如何组合在一起？
5. 括号图：一个完整的物体有哪些部分？
6. 流程图：事件的顺序是什么？
7. 复流程图：原因和结果什么？
8. 桥型图：这些想法之间有类比性吗？

思维地图深植于基本认知技能之中，这种语言就成了通往读写能力的桥梁，架设于上述问题与跨学科阅读理解和写作构成的交互过程之间。如图7.4所示，思维地图赋予学生和老师这座桥梁。通过把具体的地图与基本问题、抽象思维过程联系起来，学生可以实现更复杂的思维，因为他们胸有成竹。重要的是，他们逐渐学会了把多种思维地图一起运用，以解答老师几乎每天都会问的各种基本问题。

在下一节中，萨拉·柯蒂斯（曾是老师，也是"给标准绘图"项目的主要作者）详细阐述了这些示范课是如何引导教师和学生发现，思维地图怎样在他们的知识、技能基础与标准要求的问题和表现之间架设桥梁。当然，学生必须独立完成教育系统的升学考试，而萨拉向我们展示了思维地图这一工具，如何既满足各项标准的认知要求又超越标准使学生更深刻地理解学科知识。这一节还展示了对于学生、教师和管理人员而言，Thinking Maps软件如何将课堂、实践、高阶思维与这项以工具为基础的认知技术无缝衔接起来。

再回到这一问题：当这些工具通过给标准绘图来迎合标准时，思维地图推行的五个层面中的哪些层面，能把这些工具融入学校的核心学习和教学实践？

思维地图：化信息为知识的可视化工具
Visual Tools for Transforming Information Into Knowledge

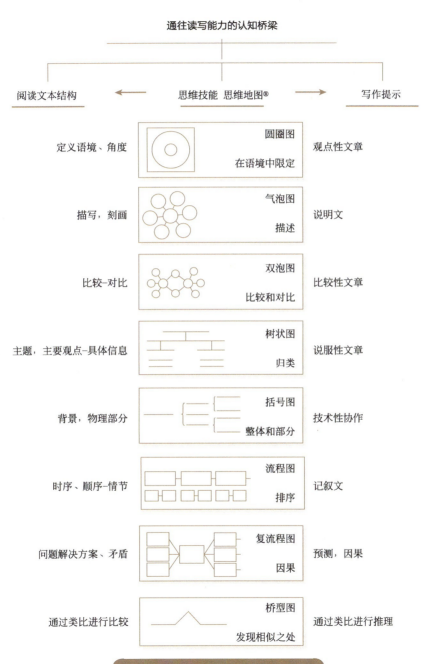

图7.4 通往读写能力的认知桥梁

运用 Thinking Maps 软件给标准绘图——萨拉·柯蒂斯

大多数教育工作者都能记得他们第一次尝试破译所教年级和学科的标准时的情形。那些令人作呕的文件，用令人困惑的空话勾勒出特定年龄的学生需要知道和能够做到哪些。也许你还能想起自己对所在州或地区标准的反应：愤怒、反对、挫败感、拒绝或极度沮丧。这些文件意在提供、推动统一的成果标准，却很少能在全国范围内立竿见影地付诸实施。

思维地图和 Thinking Maps 软件是非常有用的指导和评价工具，它们可以对各学科领域的标准进行优先级排序，还可以根据这些标准开发概念性和认知性的课程。当学校试图适应这些标准时，该工具为教师和学生提供了一种方法，针对一系列不同的学习成果，将标准的复杂语言转化为一种有形的教学和评价形式。思维地图提供了一种帮助人们理解标准，并瞄准学习成果来建构有意义的课程的工具；随着学生在学业中进步，思维地图也为学生了解"学习到底是怎样的"提供了一种表征形式（图 7.5）。Thinking Maps 软件的技术，可以在不同的网站间记录和发布这些课程，并长期记录学生思维。

当我们用思维地图设计中蕴含的思维过程作为透镜来看待标准时，这些标准的认知过程就会出现在最前端，而课程内容或主题都会平移到一旁。以这种方式审视标准，有助于将重点从"需要记忆的过多内容"转向一种"如何思考内容"的一致模式上。继续（用思维地图）筛选课程主题，这种认知过滤器就会向我们揭示一种看待课程内容的新方式。问题就从"需要涵盖哪些内容？"转向了"怎样引导学生思考这些内容，到哪个程度，从什么角度？"

在老师们学习思维地图的初级阶段，他们会花一部分时间分析当地（和/或所在州）的标准，观察学生如果要达到这些标准会使用哪些类型的思维过程。如果教师掌握了 Thinking Maps 软件，他们便可以用这项技术来制定教学计划。参见图 7.6a-c 提供的五年级历史课示例。

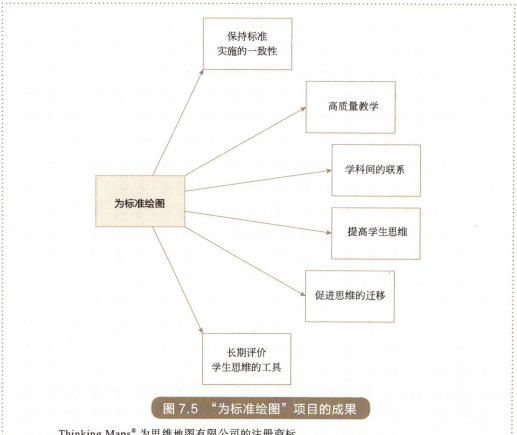

图 7.5 "为标准绘图"项目的成果

Thinking Maps® 为思维地图有限公司的注册商标

  Thinking Maps 软件展示了根植于教学标准中的思维过程,如何引导人们提出核心问题(essential questions)并应用多种思维地图促进理解。(软件的)"地图窗口"中的思维地图半成品展示了与课程问题相关的各种可能的思维地图。这些地图可用于事前评价和事后评价,也可以作为通往成品的 支架[1]。

---

 [1] 支架,"支架理论"(或称为"脚手架理论")是在维果茨基的"最近发展区理论"基础上发展起来的一种教学策略。对较复杂的问题,教师通过建立"支架式"的概念框架,使得学习者能沿着这种"支架"逐级向上,直到实现对复杂问题意义的建构。——编者注

如果要求用书面作业来最终展示理解过程，打开"地图窗口"旁的"写作窗口"，可以在其中以word文档的方式编辑信息。每个课程可能会涉及如下几种地图：激活原有知识的地图、帮助学生加工信息的地图、评价理解情况的地图、扩展知识的地图。教育工作者可以根据年级、学科或标准来访问基于标准的课程数据库，并选择符合他们要求的课程。

对课程进行从概念到内容的建构——注重核心问题以及根植于这些问题中的认知模式——这一专业发展过程，旨在为教师提供高质量的教学模式，并为学生提供超越标准的明确路径。比如，在历史课上，学生们被引导去思考探险这一概念，而不是机械地背诵任意一个时期的人名、地点和日期。介绍探险这个概念，就是在引导学生调用已学知识来学习新知识。大多数学生对探险都有一定程度的了解，比如去兄弟姐妹的房间或所在的社区探险，或是在电子游戏的新地貌中探险。

复流程图促使学生去因果推理，如人们为何探险以及探险可能带来的各种结果。这种推理将自身想法（已知的）与历史知识（未知的）联系起来。活动5所示的体现类比关系的桥型图，则将那个历史时期的概念深化到历史、文学、科学等方面。桥型图是实用的可视化工具，它为斯蒂芬妮·哈维[1]（Stephanie Harvey）"在自身、其他文本与世界之间建立联系"的理解策略注入了活力（Harvey & Goudvis, 2007）。在这些课程中，明确示范如何进行跨学科联系，赋予学生们理解任何学科内容的方式。运用Thinking Maps软件的这一过程，通过兼顾认知和概念，不仅能够达到标准，甚至超越标准。

---

[1] 斯蒂芬妮·哈维，和古德维斯（Goudvis）是《有效策略》（Strategies that work）一书的作者。——编者注

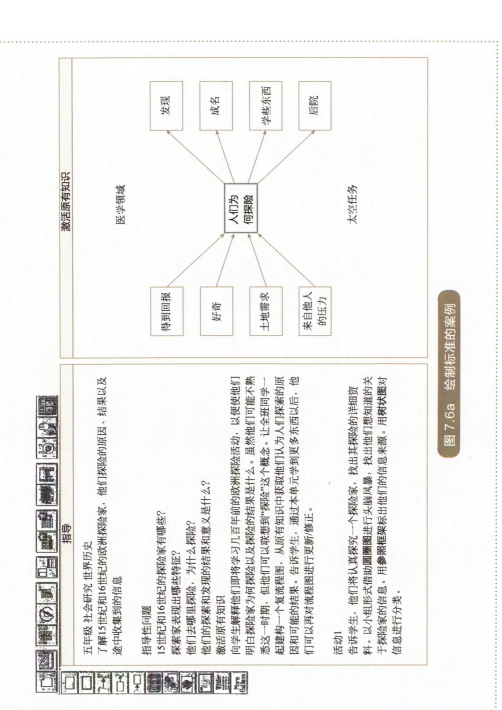

图 7.6a 绘制标准的案例

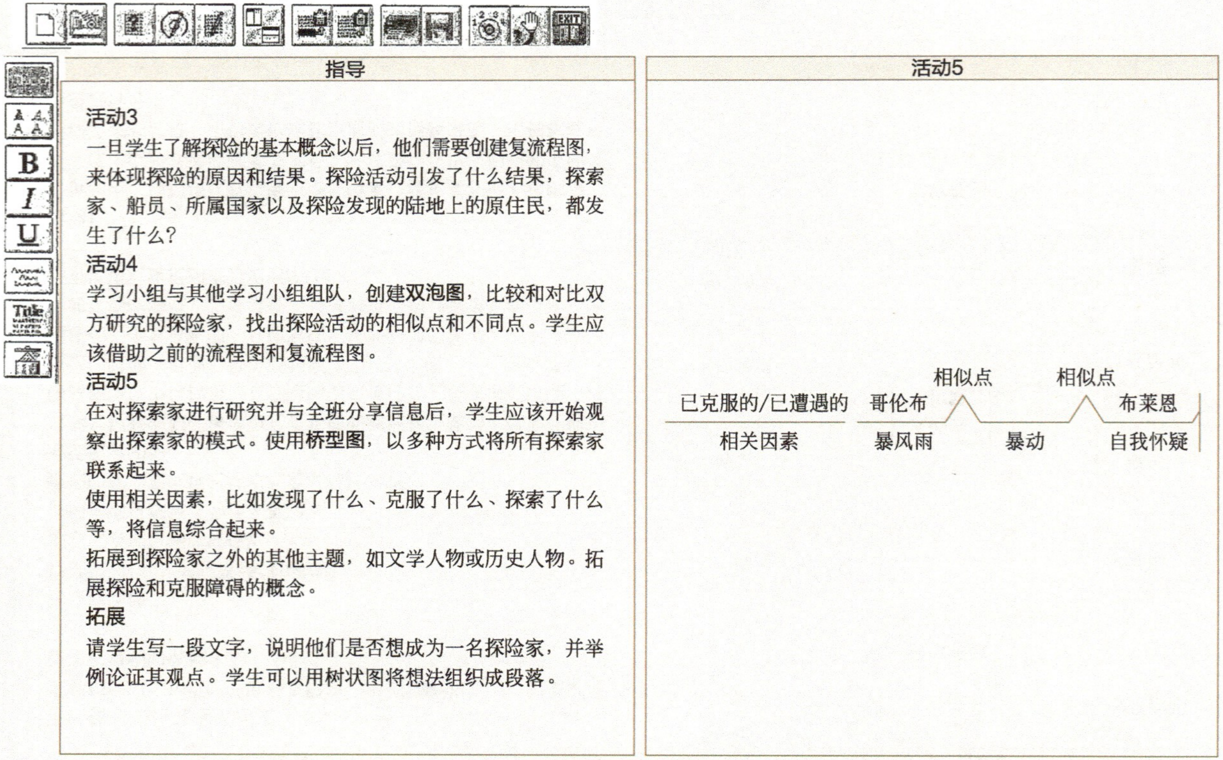

活动5

已克服的/已遭遇到的相关因素

哥伦布 — 暴风雨
相似点
布莱恩 — 暴动
相似点
自我怀疑

指导

活动3
一旦学生了解探险的基本概念以后，他们需要创建复流程图，来体现探险的原因和结果。探险活动引发了什么结果，探索家、船员、所属国家以及探险发现的陆地上的原住民，都发生了什么？

活动4
学习小组与其他学习小组组队，创建双泡图，比较和对比双方研究的探险家，找出探险活动的相似点和不同点。学生应该借助之前的流程图和复流程图。

活动5
在对探索家进行研究并与全班分享信息后，学生应该开始观察出探索家的模式。使用桥型图，以多种方式将所有探索家联系起来。使用相关因素，比如发现了什么、克服了什么、探索了什么等，将信息综合起来。
拓展
拓展到探险家之外的其他主题，如学习人物或历史人物。拓展探险家和克服障碍的概念。
拓展
请学生写一段文字，说明他们是否想成为一名探险家，并举例论证其观点。学生可以用树状图将想法组织成段落。

图 7.6b

思维地图：化信息为知识的可视化工具
Visual Tools for Transforming Information Into Knowledge | 185

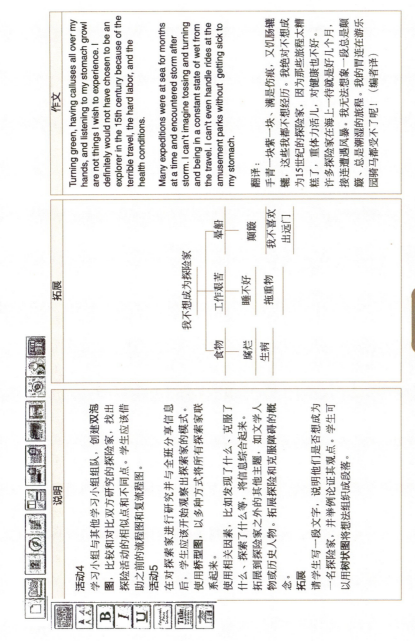

图 7.6c

Thinking Maps® 为思维地图有限公司的注册商标

复流程图突出了一些与指导和评价相关的重要成果。从教学角度看，一旦教师们开始开发、设计、发送课程给同年级、同学科的同事，这一过程将会在学校或学校系统中持续多年，这为教师们提供了与课程相结合的有意义的思维地图，也有助于在同一个教学点里处于职业生涯不同阶段的教师（如新进教员、跨课程教师、资深教师）中推广思维地图和教学标准。践行者把工具运用得越自如，就对这种思维语言越熟悉。注重认知和概念，既为任何一门学科的教学提供了模型，也为课程设计提供了方法。下列这些关键问题，把基于标准的教学与思维语言结合在一起，可以作为教师简化教学循环的指南：

1. 现在，以及随着时间推移，我们要怎样引导学生思考所学内容？
2. 出现了什么问题、内容、认知模式或链接？
3. 呈现了哪些概念或主题？
4. 这些模式、概念或主题如何连接不同的学科和文化？

我们一直致力于培养学生在不同科目、语境间迁移的学习能力，故最后一个问题尤其重要。致力于迁移思维技能和概念的教学，一直是众多教育书籍和文章的主题。此处所描述的过程，主要注重不同学科、不同年级间的概念迁移，但也注重每个学生长期的认知发展。随着学生的升学，课程的主题可能改变，但学生参与课程的方式却极其相似。思维地图，作为一种由相互依存的可视化工具构成的高度灵活又严谨的语言，在不同学科和语境中都容易得到运用。将基本认知技能作为模式来反复运用，也促进了高阶技能的发展。例如，在探险这个单元中，致力于因果推理的复流程图所需的思维，与解答数学逻辑问题、文学问题、科学中的物理变化所需的思维是一样的。因此，这种不断使用思维地图和软件的过程提供了一种解读教学标准的方式，不仅从内容或概念的角度，也从认知的角度来解读。正是这种结合使致力于培养学生迁移能力的教学成为可能。

Thinking Maps® 为思维地图有限公司的注册商标。

○ 从师生到领导者及全校变革

前两篇史蒂芬尼·霍兹曼和萨拉·柯蒂斯的文章的重点，主要是学生学习成绩和教师教学方法的转变。在这两个案例中，关注的依然是课程学习、语言发展，以及在跨学科和单个学科的思维活动中运用思维导图进行迁移的能力。

本章最后一节作者为拉里·阿尔帕，他曾任职过校长，也是《思维地图：一种领导力语言》（*Thinking Maps: A Language for Leadership*）一书的主要作者。这一节展示了如何运用思维地图，使整个学校成为学习社区并保持学习状态。拉里和许多校长都一直在推动思维地图进入他们的学校。他们希望、相信、期待这些工具能直接提升学生的思维能力和学习成绩，同时把教师的教学提升到新的高度。他们通常不会预料到史蒂芬尼·霍兹曼所描述的情景：

> 具有讽刺意味的是，作为罗斯福学校的教学领导者，我最初的愿望，不过是借助这些工具快速、直接地提升学生的成绩。我并没有意识或预见到这些工具被老师们用于课堂教学后，会对这些在全年制多语学校任职的教师产生更深刻的影响。从教育管理者的角度，我发现思维地图无论在实践层面还是理论层面，都超过了我的预期。
>
> 首先，教师们学习、教学和评价学生作业的方式发生了改变，尤其体现在第二语言学习者的差异化教学上。
>
> 其次，我们学校的文化和氛围发生了转变。最明显地体现在如今随处可见的专业交流的质量上。
>
> 第三，教师评价问责方面的透明度和话语权也达到了新的高度，由此带来了更优质的教师决策。所有这些改变——常被视为学校转型的关键因素——将继续对我校学生的学业表现带来长期的积极影响，这一影响超越学生在学习任务和考试中对工具的直接应用。（Holzman in Hyerle, Curtis, & Alper, 2004）

让我们接着看思维地图实施规则的另一个层面：全校的管理人员领导力和教学领导力。《思维地图：一种领导力语言》（Alper & Hyerle，2006）的主要作者阿尔帕给我们展示了一个使用多种思维地图提升家长参与度的事例。

思维地图在专业学习型社区形成过程中的作用

——拉里·阿尔帕

学习的社区性是将学校概念化为学习社区的一个关键维度。人们认为知识既是一种个体建构，也是一种社会建构，知识通过社区内部的人们分享观点和经验互动来进行传播。促使社区形成的一个特征是其语言。思维地图作为一种通用的、可视化的思维语言，为学校社区的所有成员提供了一种介绍、讨论、审视组织内部个人和集体智慧的共享方式。它为社区提供了一种常用工具，让人们在显而易见的可能性之外充分挖掘其他可能性之前，减少过快或肤浅地得出解决方案的冲动。

"专业学习社区"一词常被用来描述我们，作为教育者，对为了学生而最高效地进行工作的渴望。用"学习"这一行为来描述成年人在校园环境中从事的工作，以表达教育孩子时的各种复杂挑战，感觉很自然。但不论这一术语与教学和领导力实践的联系多么自然，在学校社区的专业领域中，仍有太多事情不能反映学习的各种特质。不论是因为时间有限或期望过高，还是因为多年在层级式组织环境中工作而养成的习惯，认为学校就是专业学习社区并不能让其名副其实。

学习的驱动力源自好奇心，源自拥抱和走进未知世界并接受不确定的信心，源自放下自己的知识和经验为可能的新发现而欢欣鼓舞的意愿。很多时候，理解更多地意味着区分（compartmentalizing）——将新事物与熟悉的事物关联起来，将其拉入我们已建立的思维结构或图式中，而不是松绑思维的边界以扩大视野，允许新的可能性出现。在专业学习社区中，思维地图提供

思维地图：化信息为知识的可视化工具
Visual Tools for Transforming Information Into Knowledge   189

了各种可视化路径，让人们进入一处繁茂之境，满是之前未曾想过的观点。

下面几个例子讲述了领导团队使用多种思维地图，制定了一个饶有趣味且富有成效的探究和决策过程，以提升家长对子女教育的参与度，以及家长与较大学校社区的联系。这些例子摘自一本新的学校领导力研讨会手册《思维地图：一种领导力语言》（Alper & Hyerle，2006）。请注意例子中是如何用问题来引导过程，引导对特定思维地图的选择以回应问题所反映的思考过程的。还要注意，为了确保相关话题能用各种可能的方式充分表征出来，各种参照框架如何展现的。

在第一个例子（图 7.7a）中，领导团队先用了一部分复流程图来回应这个问题，即如果家长充分参与到孩子的教育中，会有什么样的结果（影响）？这个问题和随后的回应让团队在进入下一步之前得以找到并解析其目的（图 7.7b）。

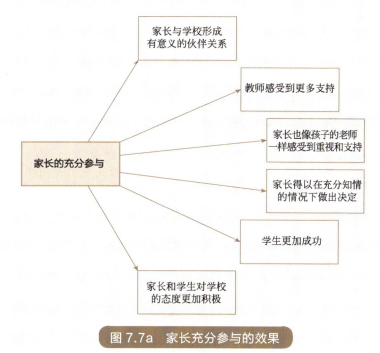

图 7.7a 家长充分参与的效果

资料来源：Copyright 2006 by Thinking Maps, Inc. All rights reserved. From *Thinking Maps*®: *A language for leadership*, by Larry Alper and David Hyerle. 经授权使用

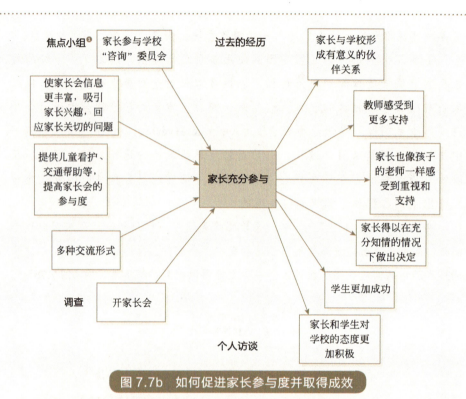

图 7.7b　如何促进家长参与度并取得成效

资料来源：Copyright 2006 by Thinking Maps, Inc. All rights reserved. From *Thinking Maps*®: *A language for leadership*, by Larry Alper and David Hyerle. 经授权使用

　　随后，研究团队认识到每个家庭不尽相同，因此他们使用了一张双泡图（图 7.7c），研究这些家庭类型可能的相似点和不同点，以确定学校社区中不同家庭的普遍需求。"隔代抚养的祖父母与单亲父母有哪些相同的需求，又有哪些不同需求？"等问题有助于团队思考，以便他们做好准备，确定有意义的话题和结构，以满足学校社区中的不同需求。

　　当团队意识到需要直接从想要联系的人那里获取信息时，他们选择用圆圈图（图 7.7d）生成调查访谈问题。该团队利用这一参照框架来确定学校社区的"家长"，并根据这些人的需要提出更多的问题。

---

❶　焦点小组，一种调查方法，具体操作为，抽取一定数量的观察对象形成样本小组，根据这一小组的信息来推断全部观察对象的特征。——编者注

思维地图：化信息为知识的可视化工具
Visual Tools for Transforming Information Into Knowledge

图 7.7c 单亲家庭和隔代教养的情况对比

资料来源：Copyright 2006 by Thinking Maps, Inc. All rights reserved. From *Thinking Maps*®: *A language for leadership*, by Larry Alper and David Hyerle. 经授权使用

图 7.7d　向家长收集所需信息

资料来源：Copyright 2006 by Thinking Maps, Inc. All rights reserved. From *Thinking Maps®: A language for leadership*, by Larry Alper and David Hyerle. 经授权使用

　　收集到学校社区家长的信息后，领导团队用树状图（图 7.7e）组织数据，并寻找模式和关联性，根据树状图制定有效的行动步骤。使用树状图还可以确定缺少了哪些主题及其原因。

　　如图所示，思维地图使学习者所在社区的话语权性质发生了根本转变。思维地图"邀请"组织中的成员们找出某个话题的多种解答方案，从而充分理解这个话题、过滤其复杂性，或通过简化使话题模式的本质显露出来，而非期待人们建立立场，然后去维护或合理化自身的立场。思维地图内在蕴藏着对专业学习社区成员的信任，信任他们深入思考话题的能力，信任其通过探究过程得出集体认识和决定的能力。这种转变肯定了学习是学校社区的核心价值，体现并增强了组织成员的信心——他们能够通过真正的学习，得出有意义且有效的解决方案。这一点的实现得益于建立一种全校性的思维语言，并将所有成员，不论成人还是孩子，团结在这一共同追求中。

思维地图：化信息为知识的可视化工具
Visual Tools for Transforming Information Into Knowledge | 193

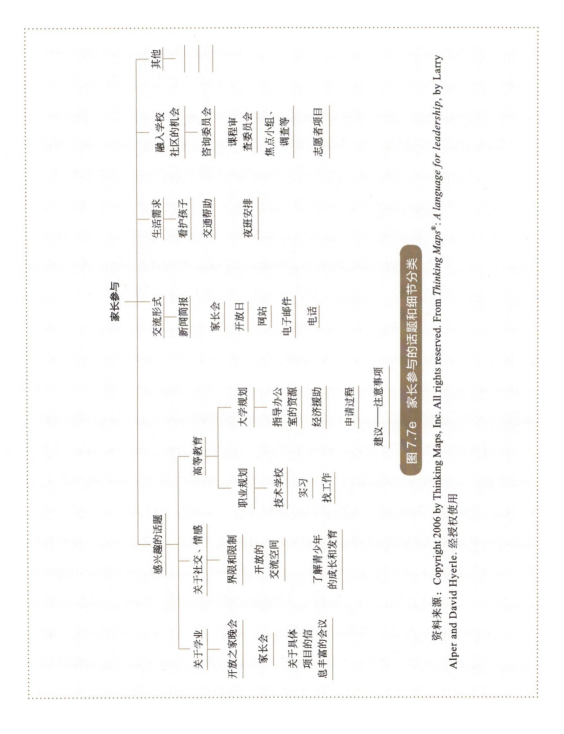

图 7.7e 家长参与的话题和细节分类

资料来源：Copyright 2006 by Thinking Maps, Inc. All rights reserved. From *Thinking Maps®: A language for leadership*, by Larry Alper and David Hyerle. 经授权使用

> 成功的学校不仅有能力适应环境,而且能根据复杂多变的形势调整新的方向、构思新的解决方案。他们不仅能有效应对当前的现实,还努力改造和影响所生存的环境,使环境与他们秉承的价值观和信念保持一致。思维地图帮助我们捕捉和交流经验的本质。当我们充分参与到建构意义中,并以相似的过程指导他人时,我们对话题、问题、事情的思考方式就会发生变化。把作为学习工具的思维地图组合起来使用,会让我们自信地面对和改变任何变化多端的情况,并期待有新的发现。随着整个学校成年人和孩子共享同一种思维语言,我们创建出一种强大而令人信服的学习文化。
>
> 资料来源:Copyright 2006 by Thinking Maps, Inc. All rights reserved. From *Thinking Maps*®: *A language for leadership*, by Larry Alper and David Hyerle. 经授权使用。

○ 整个系统的变化

本章介绍的可视化工具和思维地图语言,为学生、教师、(学校)管理者,以及涵盖家长在内的整个学校的学习者社群提供了一条新的通途。从所描述的例子中,我们看到学生的能力得以发展,更具创造性、灵活性、毅力、全局观及反思能力,且意识到认知模式并自如地运用这些认知模式提高成绩。当然,我们也知道,如同我们大脑内部的发生的一切一样,我们的学生必须自我成长并在一生中不断自我改善。我们在这一章展示了学生成绩显著变化的证据。这些案例中的大多数学生,都来自社会经济水平较低的地区,他们入学后英语水平仍然很低,但他们的认知能力不低。回归研究本身,我们发现非语言表征与认知之间的显性、动态融合,对贫困学生在第一语言和第二语言之间建立枢纽非常关键,对他们发展解析文本结构、写命题作文的能力以及解数学和科学题的能力，也非常关键。

展望二十一世纪的未来几十年，我们意识到，在学生如何将信息转化为有意识的知识这一演进过程中，培养学生跨学科、语言、文化进行独立思考和合作思考的能力，才是关键。

第八章
思维地图之于特殊教育

——辛西娅·曼宁

在本书的最后一部分，我们来谈谈大家最关心的一个问题：我们如何帮助那些（经过全面评估发现）有严重语言和学习障碍的学生搭建学习支架、开发语言能力及提升认知水平？这一整章由辛西娅·曼宁（Cynthia Manning）撰写，她是马萨诸塞州学习预科学校（LPS）的副校长兼思维导图督导。这一章与本书其他章节相呼应，因为它展示了当一种由各个认知工具组成的通用可视化语言成为学习的基础时将会发生什么。LPS的校长南希·罗索夫（Nancy Rosoff）和全体教职员工、学生、家长们为我们提供一扇门去改变置身"特殊教育"之中的孩子们的教学、思考和学习方式。这篇文章展示了当基于认知技能的可视化工具成为整个学校的一种学习语言时会发生什么，尤其是对于那些被认为在我们的教育系统和社会中很难"成功"的孩子们。

○ LPS 学生：思维地图让我"懂了"

拉尔夫·沃尔多·爱默生曾写道："我们身后的力量远比眼前的困难强大。"对许多有严重学习障碍的学生以及那些成绩总是无法提升的学生来说，前方的重任让人望而生畏，许多人甚至认为难以克服。他们从未感受到身后的力量，自我评价很低，因为他们很少察觉到并能充分利用自己的能力彻底弄懂学科信息、概念难题乃至社会问题。借助（学生、教职工和家长构成的）学习社区身后的思维地图的力量，我们学校正致力于完成一项任务——显著提升学生的认知能力和语言表征能力，让那些经常被认为无法提高思维能力和学习能力的学生感受到力量。

思维地图是 LPS 用来帮助那些无法在其他教育环境中取得成功的学生学习的最强大的工具之一。四年前，我们觉得已为学生提供了很好的保障，但他们的日常表现和在马萨诸塞州综合评价系统（MCAS）测试中的表现都不尽如人意。现在通过将这些可视化工具融入我们的所有（教学）项目，我们发现成效日渐显著，学生开始重新看待自己，视自己为能"弄懂"的独立学习者，一个学生这样说道：

> **思维地图让我"懂了"**。以前老师在我耳边喋喋不休，让我写一大堆作业，但我根本不懂。在新学校，老师使用思维地图，我就能听懂。我终于可以完成作业了，因为我懂了！

我们的这些定性和定量的经验将会展示，LPS 如何开始在从小学到高中的课程中推行思维地图，此后又如何将这些工具持续、灵活地融入到各年级、各学科中，以引导有学习障碍的学生独立思考、独立处理信息。

○ LPS 的背景信息

　　LPS 的所有学生面临的主要挑战是他们有语言学习障碍，还有不少学生有或被诊断为存在干扰学习的其他问题，比如缺乏社交技能、注意力缺陷障碍，以及视觉、知觉、听觉处理或运动障碍等。这些困难使我们的大多数学生的学习能力，与拥有适龄学习能力的同龄人相比，一般有两年的延迟，他们无法将阅读作为一种功能性学习工具。我们持之以恒地采用直接教学法、语言策略以及协同自适应性和社会性服务，来帮助学生成为独立的学习者，使他们有丰富多彩的生活，掌握独立生活的必需技能。平均来说，LPS 90% 的大龄毕业生都进入到大学、职业学校或高中教育。LPS 涉及小学、初中和高中项目，为 360 名学生提供服务，自 1970 年以来，是所在地区唯一一所专门为语言障碍学生设计的学校。学生大多住在市中心，来自马萨诸塞州、新罕布什尔州和罗德岛州的 140 多个社区。学校四分之一的学生是非裔美国人、西班牙裔和亚裔。

　　由于学生的独特性和学习中多种多样的挑战，LPS 必须仔细审查可行的课程方案。每一种方法都必须灵活、注重技能发展，能够适应"个别化教育计划❶"（IEPs）的各种修正要求，最重要的是，必须是行之有效的教学工具。思维地图最初吸引该校校长南希·罗索夫的原因在于它不仅充实了课程，还适用于任何学业阶段。令南希印象深刻的是思维地图模型，以及推行这种工具能达成的目标——学生将能基于思维过程使用这些工具，从不同形式的文本中提取重要信息，并在可视化环境中清晰、简洁地呈现出来。她也开始相信，能否成功地将思维地图应用于所有教育情境中，取决于是否有一名经过认证的思维地图培训师负责协调教师、学生和家长项

---

❶ 个别化教育计划，1975 年美国国会通过 94-142 公法规定：必须为所有 3-21 岁的特殊人群制定适合其需要的"个别化教育计划"，且须定期评估与修正。这是美国特殊教育界的一项重要措施，旨在保障所有的特殊儿童能接受适当的教育。——编者注

目。在LPS担任思维地图督导一职，使我能够在整个课程中帮助这些工具得以推行和全面使用。这个职位也给了我独一无二的机会来观察并记录思维地图如何灵活、深入地应用于整个学习社区。

鉴于我们多年来取得的进展，以及对思维地图有效性的评估，所有教员用思维地图作为教学基础，变成了强制性的。这与思维地图有限公司的专业开发团队在1990年制定的推广方案不谋而合。思维地图常被作为一种通用语言工具介绍给全校师生，并要求所有教师通过初始培训和后续辅导，以确保所有学生在不同老师的不同课程和年级中都能持续使用思维地图。当然，全校使用对LPS来说意义重大，因为这些工具以<u>直接提升各种特定的认知技能</u>为基础，这恰好是学校主要任务的核心部分。除了核心课程之外，思维地图已深入到学生学校生活的方方面面，如职业和语言治疗课、选修课（如计算机或艺术）、职前培训课、心理辅导课和社交技能小组。如果思维地图教学不具备连贯性，学生会认为这些地图只与特定的学科或治疗课相关，这样就无法保障学习认知技能的推行和迁移。

在过去三年里，我们把思维地图作为我校的一种语言来全面应用，使得我们的教师、学生和家长不断得到指导和支持，概要如下：

教师得到持续的指导培训，所有新教员也会接受定向培训。整个学年，学校为所有回炉的员工安排进修及课程研讨会。为了将思维地图融入课程的方方面面，对教职工进行督导是非常必要的，包括对教职员的观察以确保思维地图被正确地教授给学生，并最大程度地融入课程。这种督导是通过思维地图示范课实现的，课上会展示如何持续、深入地使用思维地图来满足学生不同需求的范例。

学生通过老师初步了解思维地图和思维地图软件。针对有特殊学习需求的新生开设的辅导课程，以及针对所有学生的复习培训和强化训练，会在每个学年之初进行，着重讲授8种认知过程和地图，以及如何在各门学科中使用这些地图及参照框架。

家长每年有两期训练课程，以便强化思维地图和思维地图软件在家里和学习社区中的应用。这些课程创造了更多与家长见面的机会，这对思维地图在家应用（例如，家务、家庭作业、任务完成、假期计划、课后工作收入预算等）的开发，很有帮助。家长和学生可以通过网络进行定期交流，我们每月出版一份通讯，确保家长了解如何在家使用思维地图，并给予积极支持。

许多父母对 LPS 表现出了浓厚的兴趣，因为他们在我们的网站上了解了关于思维地图的内容，他们希望这些图能帮助他们的孩子更有效地组织和处理信息。校长罗索夫女士认为，思维地图成了吸引潜在学生和家庭的原因。事实上，罗索夫认为："学习预科学校之所以成名，就是因为思维地图。"

○ 通过思维地图培养基本心理过程

根据美国心理学协会的《实验心理学杂志：学习、记忆和认知》[1]，基本的心理过程有 10 种：认知、知识获取、记忆、意象、概念形成、问题解决、决策、批判性思维、阅读和语言处理。如果这些心理过程没能得到持续发展，学习就无法实现。思维地图极大地帮助了 LPS 培养学生的这些心理过程和元认知能力，揭开了学习的神秘面纱，提升了智力发展（通过 MCAS 成绩衡量），使得学生可以进行更高阶的思考。仔细研究这些与思维地图相关的过程，就会发现这些工具的通用性。

认知，包含了我们"对世界相关信息的投入和对问题解决技能的掌握"，还有执行技能，即"我们在努力解决问题中启动、持续、抑制和迁移的能力"（Bolick，2004）。认知得分低的儿童在输入控制（"对优先任务的持续关注"）和输出控制

---

[1]《实验心理学杂志：学习、记忆和认知》，英文全名：*Journal of Experimental Psychology: Learning, Memory, and Cognition*。——编者注

("对感兴趣话题的不懈努力")方面存在困难（Levine，2003）。这种决策过程（什么是重要到需要持续关注的、如何执行及完成任务）对认知能力低的个体，特别具有挑战性，因为他们可能无法通过自我调节判定哪些无关或哪些重要。因此，输入控制困难重重。在注意力未能被适当限定的情况下，他们不知道该看什么、该听什么。但，就像我们一个学生提到的："挑出事情的重要部分，把它们放进地图里，我已经驾轻就熟了。有时我在工作中不知不觉就用了思维地图——自动地就画出来了。"

输出控制方面，很容易有这样的假设：因为孩子无法体现认知，所以也就无法呈现知识。其实这种输出抑制仅仅表明孩子不能解码和"展示他知道的东西"（Bolick，2005；Levine，2003）。另一名学生透露："如果没有它们，我很难提取出信息，我面前就只有一张白纸和一大堆要回答的问题。用画思维地图的方式回答问题时，我更容易记住信息，仿佛有老师一直在提示我，让我可以独立地完成作业。"这一表述让我们产生了另一种误解，那就是记忆。许多人，包括父母，错误地把死记硬背与知识等同起来。但孩子如果不能整合和应用知识，就无法建立学习连接，各种离散的细节就无法有意义、贴切、丰富地整合成格式塔❶（gestalt）（Bolick，2005）。学生们的下面两种表达反映了绘图使用者的共同观点："它们能把你所有的好点子放到顺手的地方，这样就不会遗漏了。""它们可以把一大堆让我困惑的信息转化为几个简单的步骤。"

对那些被鉴定特定认知技能和水平的测试项目认为"低认知"的LPS学生来说，思维地图是帮他们抵达成功的必备工具。这表明，那些在其他环境中可能被认为智力难以改进的学生，可以通过长期使用思维地图作为认知媒介发展出高阶思维。除了在所有学科中使用思维地图之外，我们的职业选修课也在使用它们，但因为缺乏学业课上经常呈现的结构，对学生来说是一种挑战。思维地图有助于判断重

---

❶ 格式塔，也称为完全形态，即包含了各部分的（具有分离特性的）有机整体。——编者注

要性和进行自我调节，还提供了必要的结构和易于迁移的可视化元素（用于进行概括和建立学习连接）。有位学生说，"思维地图能帮助我识别什么重要，什么不重要，如果不适用于思维地图，那就不重要；思维地图还帮助我保持专注，完成作业；它既容易绘制，又有趣，有点像拼图，我不需要担心、焦虑我做得对不对，看一下地图，我就知道对错了，思维地图很容易校对。"当学生们因为能理解过程（如怎样完成思维导图）而得以展示他们得到加强的输出控制能力（持续的专注力与任务执行力）时，他们的认知负荷就变小了，思维因此得以解放而专注于知识获取（用什么来完成地图），并进一步发展、展示出他们的认知技能。

认知的其他方面——视觉空间处理、视觉运动输出和顺序处理——也会影响儿童对身体与其他物体关系的感知，使他们笨手笨脚、无法完成某些运动任务。这些功能还会进一步影响他们处理多步骤任务、回忆顺列和理解部分到整体（或整体到部分）关系的能力（Bolick，2005）。结合校内安排的职业治疗课程使用流程图和括号图，极大地帮助了我们的学生，增强了他们完成这些运动任务的能力。我们把思维地图整合到治疗计划中，使学生能立刻知道自己在做什么以及为什么要做。在职业治疗情境中融入便于理解的元认知立场，学生就能更好地计划和执行任务，并评价自己的进步。这类过程常常要求学生分析一个问题或话题，一位学生在评价中明确地这样表示："思维地图有助于分解话题。尽管我无法用文章来表达，但是我可以用思维地图来表达我的想法。它们使事情更容易理解，这有助于我学习。"另一名学生指出了组织信息的重要性，认为它是执行写作等复杂任务的关键因素："思维地图让我的写作更好了。在我学会思维地图前，我从来不太会写。但现在，思维地图的绘制和组织方式让我能找出中心思想和论点。"我们也把思维地图软件发给学生们，以便他们可以根据课程要求和书面作业来量身定做自己的思维地图。对那些因书写障碍而无法独立建构地图的学生来说，该软件的确是一个行之有效的改善工具。

认知中影响学生学习能力的另一个因素是高阶思维，它包括问题解决、批判性思维及概念形成。最近我们学校一些学生的反馈令人振奋："思维地图让我学会思考。"随着这些孩子年龄的增长，他们在高阶认知上会出现困难。他们在小学阶段死记硬背的项目上经常胜过同龄人，他们的自尊也建立在这种聪明之上。当四五年级的学习开始时，他们却频繁碰壁，因为这时候越来越多的学习需要更高阶的思维过程，这时有学习障碍的孩子就会表现出沮丧或焦虑。书面表达能力不足、逻辑性思维对他们而言是巨大的挑战，预测或估算对他们而言几乎成了不可能的任务。孩子的认知发展不匹配必然会阻碍学习（Bolick，2005）。

LPS课程的主要目标之一是促进认知发展。随着对思维地图的使用更加熟练，学生们的认知技能和元认知（思考思维本身的）能力得到了发展，他们将这些认知技能应用于解决问题，发展出更高层次的抽象思维。这些工具的价值在于，当学生们开始选择思维地图时，他们做出的决定并非随意，他们发现的思维方式恰是任务所需的。正如一名学生所言："我喜欢思维地图，因为有时候我能选择哪一个地图是我想用的。这让我觉得自己对学习负有责任。对我而言，有些学习方式比另外一些更容易掌握，这样我就了解到了自己用哪种方式学习最好。"部分学生已经发展到能更复杂地独立使用思维地图——联合使用多种思维地图来解决多步骤的任务。2004年3月，那些有能力使用全部8种地图的教师和学生，开始接受多重思维地图的训练，即同时使用两种或两种以上的地图来组织信息。这一策略在激发高阶思维方面特别有效。由于思维地图的绘制建立在多重思维过程的整合与应用的基础上，其中呈现的概念把思维从具体层面提升到抽象层面和推理思维模式层面，从而发展出更高层次的认知。

在教授思维地图课程时，教员采用的另一个方式是，用协作学习教学策略来发展、强化技能。互动活动或团队工作都通过促进社交技能发展的方式来提升认知技能。如思维地图训练手册所示，这些工具可以帮助教师在解决冲突中调整学生的行为。一位学生回忆到，"我和我最好的朋友吵架了，我们的辅导员用思维地图帮我们解决了问题。我意识到了为什么就算我生气了也不该骗她。"学习如何与他人共事是一门与掌握课程同样重要的生活技能，而协作学习正是学生学习轮流进行、换位思考、自我控制、合作、担当和解决问题等技能的有效途径。

<u>意象</u>对有学习障碍的学生来说也许有困难，但使用思维地图可以分解故事，使故事更具体，这样学生使用气泡图刻画人物特征时便能在脑中形成图像。一位学生评论道："当我要记住考试或测试所需的信息时，脑海中就会浮现出思维地图和其中的内容。如果手边只有一纸笔记，我很难记住信息。因为我画了思维地图并把它当作学习指南，所以我能记住（其中的）信息，并在需要的时候在脑海里自动呈现。"一位高中生制作的多重思维地图，清晰地展示了这种将信息可视化并把图像与书面表达联系起来的能力。这些思维地图是用来理解 P. R. 吉辅（P.R.Giff）创作的小说《霍莉的图画》（*Pictures of Hollis Woods*）。虽然学生理解文本时很少会一次性把所有地图都用上，但这个有分量的示例说明学生随时可以熟练、独立地运用各种地图从线性文本中提炼思维模式（见图 8.1）。

由于解码和编码语言对所有学生来说都是一项挑战，除了开放性地回答简答题和作文题之外，<u>阅读</u>这一关键思维过程也常常让他们畏缩不前。焦虑会影响他们完成当下任务的能力。学生可能知道一个段落的结构，但要将这些知识融入解码问题在问什么时，他们很容易就不知所措了。如果他们能在问题语境中辨别出思维过程和文本的结构，他们就能放松下来，集中精力领会问题。图 8.1 的学生示例展示了基本的文本结构，如对比、叙述顺序和故事主要事件的因果关系等是如何变得清晰可见又易于学生理解的。对词汇和认知模式的可视化结构的双重编码和加工，体现了非语言表征在学习中的实用性和有效性（Marzano & Pickering, 2005）。

思维地图：化信息为知识的可视化工具
Visual Tools for Transforming Information Into Knowledge

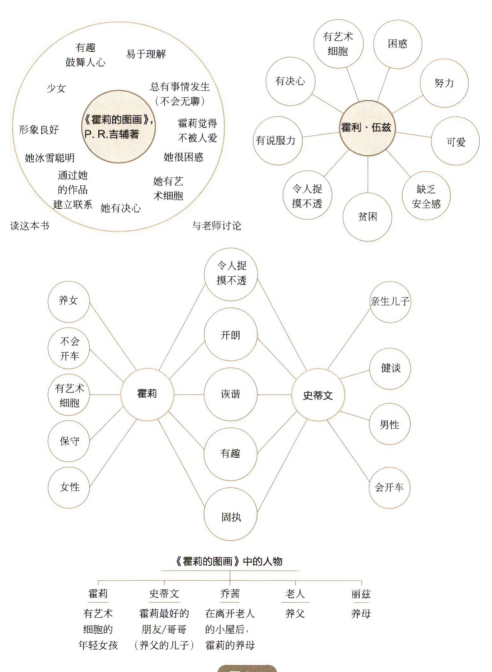

图8.1

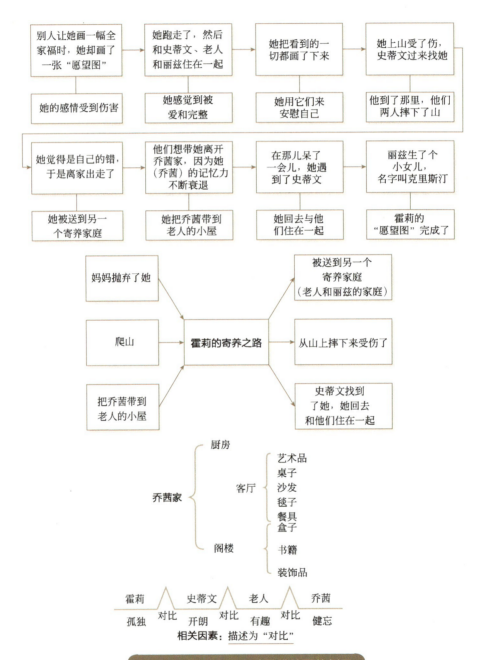

图 8.1 学生应用 8 种思维地图的例子

LPS 学生制作。

这种将特定内容的问题与认知过程和思维地图联系起来的深度加工能力和熟练度会直接影响学生们在测试中对各个问题的回答。例如，如果题目是"解释美国内战的主要原因及其对奴隶的影响"，熟悉思维地图的学生立即就能把关键词"原因"和"影响"与复流程图联系起来，马上着手答题。但在学会使用思维地图前，他们会挣扎，拒绝答题，甚至经历一段情绪风暴。而现在学生愿意试着独立完成作业。他们对思维地图的熟练度为他们提供了完成任务所必需的结构知识，同时也提升了他们的自尊心。"我现在知道如何答题了，"今年一名小学生自豪地说。在阅读和语言艺术课程中，思维地图也是教授"威尔逊阅读计划"（*Wilson Reading Program*）课程的重要组成部分，因为学生依靠思维地图来强化概念和语音规则，并将它们归档在活页夹中作为参考工具。

语言加工可能是对我们学生的群体而言最重要的基础思维过程。因为他们都有语言学习障碍，语言加工对他们来说是最困难的，这种缺陷会影响到学习的方方面面。学生也许能高效地解码，但如果他们不能理解所读内容，也就无法处理或组织所读的信息，那就无所谓学习了。我们的学生面临的另一个考验是，即便他们掌握了信息也无法有效传达心中所想。一名学生说出了大多数使用思维地图的学生的真实想法："它们能帮我把想法从脑海中抓出来，并呈现在白纸上。"思维地图有助于我们的学生学习口头表达和书面表达。在与老师分享、与同伴互动，有共同的可视化语言的环境下，他们能更容易地处理语音和文字。

○ 思维地图和高风险测试

当结果可量化时，思维地图最能得到验证。LPS 用一项高风险测试——马萨诸塞州综合评价系统（MCAS）的得分来追踪学生的学习进度。该系统是认知发展的一个指标。自实施思维地图以来，大部分考试成绩暗示了学生在接受能力和书面表达语言技能（如理解、加工和组织信息等）方面的提高。

自2001年12月思维地图引入工作结束后，学生们已经熟练掌握8种思维地图，并能利用它们分析信息和培养写作能力。参加MCAS考试时，大多数学生使用不同的地图来回答开放性问题和多项选择题。在思维地图引入之前，学生会表现出较低的挫折容忍度和高度的焦虑感，他们在答题纸上写抗议信息，而不是尝试答题。现在学生有了一个熟悉的策略帮助他们处理开放式问题，考试时明显更加冷静、自信了。"英语语言艺术"作文题的答案不再是愤怒的陈述，取而代之的是段落或短文。过去三年，答题纸上再无任何抱怨信息，学生也不再因MCAS而情绪崩溃。重点是，学生意识到了思维地图会直接影响他们的成绩，一位学生说："思维地图是很好的学习指南。以前考试我总得C和B，而现在我总得A和B了。"思维地图还会影响他们在高风险测试中的表现，另一名学生指出："思维地图使我学习更容易，压力更小——尤其是参加测试和MCAS考试的时候。"

在思维地图引入之前，大多数预科学生MCAS考试都不及格。在2001年春季数学考试中，4名学生及格，28名不及格；在英语语言艺术考试中，3名学生及格，29名不及格；在2001年秋季数学考试，5名学生及格，41名不及格；在英语语言艺术考试中，10名学生及格，33名不及格。如图8.2所示，学生学完8种思维地图后，数据发生了戏剧性的逆转。

在2002年春季数学考试中，24名学生及格，19名不及格；在英语语言艺术考试中，34名学生及格，9名不及格。自引入思维地图后，MCAS已经开展了8次考试；总体而言，学生在英语考试中的表现要比数学好。在50%的数学考试中，及格人数超过不及格人数；但在87%英语语言艺术考试中，及格人数超过不及格人数。

令我们很自豪的是，自从 LPS 参与 MCAS 考试以来，在 2005 年秋季的英语语言艺术考试中，我们的学生 100% 通过了考试，这是有史以来第一次。

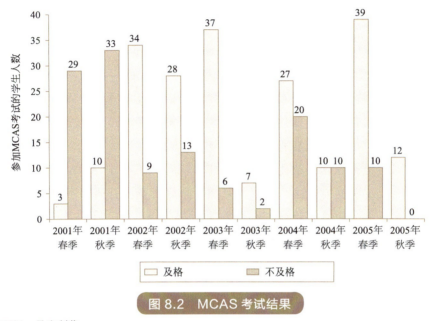

图 8.2　MCAS 考试结果

辛西娅·曼宁制作。

LPS 管理人员发现，最显著的变化是，在春季考试中取得优异成绩（260 至 280 分）或高分（240 至 258 分）的学生数量有所增加（秋季考试是 MCAS 的浓缩版本）。在使用思维地图之前，只有少数学生勉强及格，分值能在"需提升"得分（220 至 238）之上；大多数学生考试不及格，成绩为 218 分或以下。根据马萨诸塞州教育部的《报告解读指南》（附所有 MCAS 成绩报告单），获得高分的学生"表现出对挑战性主题有扎实的理解，并能解决各种各样的问题"，而获得优异成绩的学生"表现出对严谨性主题有全面而深入的理解，并能为复杂问题提供深思熟虑的解决方案"。在阅读理解、高阶认知思维和书面表达能力方面，学生们也有明显提高，开放式问答的得分持续上升，从 0、1.2 提高到 2.3 和 4（0 代表低级，4 代表高级）。

使用思维地图是考试分数增加的一个主要原因。当思维地图融入学校所有课程中时，考试成绩会明显提升，就像我们学校这样。除了在高风险测试中能提高分数外，思维地图还给整个LPS带来了其他明显益处，这些益处在学生作业、前文提及的访谈，以及教师长期观察中，都有记录：

- 学生和教师共享一种语言，交流得到加强，学习过程得到促进。
- 学生在使用回忆和理解技能的同时，也在发展高阶思维（应用和评价）。
- 许多学生对学习的态度变得更加积极。
- 大多数学生组织想法的能力有所提升。
- 随着活动变得更有意义、关联性更强，学习质量上升到一个更高水平。
- 许多学生表现出更强的知识记忆力。
- 教师发现写作有了质和量的提升。
- 使用思维地图的教师课程组织得更完善，课程规划和课程开发重点明确。

○ 老师和学生们眼中的成功

该项目成功的一个重要因素是，教师欣然接受思维地图并意识到其在教学中能发挥多大的作用。LPS高中部的语言艺术与文学教师南希·德赫米科特（Nancy d'Hemecourt）是思维地图最坚定的支持者之一，她说："经过大量的建模（直接、明确的指导或循序渐进的复习）和实践（在课堂和家庭作业中生成思维地图），学生获得了将思维从低级拓展到高级的能力。这些地图不仅是家庭作业和课堂作业的好帮手，而且对写（包含五个段落的）MCAS论文也极有帮助。"

高中部文学系的主任吉亚·巴蒂（Gia Batty）认为，"这些思维地图为老师、学生、辅导员和管理人员提供了一种共通的语言。这种语言让我们能够以一种可视化的、井然有序的方式谈论我们的思维和写作。当我们使用思维地图时，本质上我们是在用同样的方式思考。你想想这多神奇——你对着一群以不同的方式思考和学习的孩子，然后在黑板上画出与他们脑中所想一致的思维地图。这些地图非常棒，是通用的教学工具。"

当被问及为什么他们认为思维地图如此有益时，小学、初中和高中部的老师们一致认为思维地图对不同学习方式的学生均非常有效。差异化教学是 LPS 惯常使用的一种教学方法。我们的班级大小是一个同龄组，其中平均有 6 名学生。如果教师正在教分数，而他的学生其中一组是视觉学习者，另一组听觉处理技能较强，则他对这两组的教学方法可能完全不同。因为思维地图不仅仅是可视化的，它的视觉 – 语言 – 空间框架支持所有学习模式，所以思维地图具有足够的灵活性，可以适用于不同特质的学习者。

为了了解地图如何帮助 LPS 的学生学习，我对 186 名学生进行了调查，其中 124 名学生（占学生总数的 67%）给出了最普遍的答案："思维地图在组织写作方面对我帮助良多。"一些学生还回答说："回答这个问题太难了：我可以画张思维地图吗？"将近三分之一的学生（58 个孩子）先画了一张地图，并用图生成答案。许多学生则直接表示，在 MCAS 测试中，思维地图对他们非常有效。

○ 思维地图与"现实世界"

我们学校不同于其他学校的一个方面是我们提供的高中课程为期 5 年。学生完成标准的前两个学年后，第三年花很多时间为工作做准备，并在后两年的每隔一周才上课。这种边工作边学习项目，通过传授工作技能、确定现实的教育和职业目标、教授自我展示和介绍的策略，以及额外规划时间为学生拓展在学校以及在职场的各种补救策略，为学生进入"现实世界"提供准备。一名学生这样记录思维工具在学业之外领域的迁移使用："思维地图不仅帮助我成为一名更好的学生，还让我的整个生活更容易了。处理家里所有事情时我也用思维地图。"根据转型规划[1]主任路易斯·古尔德（Lois Gould）的说法，思维地图在以下方面非常有用：

> 转型规划（目前由政府强制实施）；
> 制作展示资料；
> 提出合理的职场住宿要求；
> 工作咨询和辅导；
> 求职及面试成功的步骤；
> 任务排序；
> 高级作品集（为转型规划和大学招生而准备）；
> 职业教育课程；
> 个人学习方式的识别；
> 帮助匹配技能、能力与兴趣；
> 促进社会互动的社交智能及可接受行为的发展和应用；
> 掌握特定工作的可迁移技能；
> 认识到什么是职场成功的关键。

一些学生在学校外（家里、课外活动中、跟随家庭教师学习时、在宗教教育课上或在校外治疗中）也选择使用思维地图。LPS 的学生家长对孩子们乐意在其他环境中使用思维地图印象深刻，这表明学生已熟练掌握思维地图并能将其完全融入到解决问题的策略中。孩子能依据自己的意愿有效使用这些可视化工具，这有力地证

---

[1] 转型规划，这里指为学生转向职场提供规划。——编者注

明了它们的有效性。有些孩子用思维地图来帮他们选家庭宠物或决定周末做什么活动；另一些孩子则喜欢用思维地图薄板任务卡，上面有关于如何做课后点心或完成家务劳动的说明。有一名中学生最近在他的（犹太）成人礼上用了一系列的思维地图，另一名学生在校外咨询中通过画思维地图来帮她准确表达对家庭艰难处境的感受。

○ 结语

LPS 的学生把思维地图这种通用的可视化语言熟练地用于学习后，他们能够运用多种思维技能来解决问题并发展高阶、抽象思维。通过在全校的课程中推行这种语言，学生们学得更有效、更省时，在更短的时间内就实现了学习目标，并能记得更牢。除了促进综合思维和跨学科学习外，教师还常用思维地图来评价学生的进步、测算学生的知识量、追踪学生表现，甚至评价自己的教学课程，因为观察地图他们能发现学生在课堂上学到了什么。

这些强大的工具结合在一起，构成了一种全面的、基于认知的可视化语言，可适用于各个年级、各门学科以及各个级别的学业活动。这是因为每种思维地图所定义和激活的基本认知过程是焦点所在。学生能够组织并"看到"自己的思维，教师可以使用已完成的思维地图来观察学生的思维过程，同时评价学生的语言和学科知识。这种双镜头——思维过程和学科知识——使（学校少有的）反馈和即时评价成为可能，并成为我们学校成功的基础。随着我们的学生继续内化思维地图教给他们的思维过程，我们相信在评价我们的方法时思维地图的其他益处会越来越明显。随着学生们对这种学习语言掌握得越来越熟练，我们非常期待看到他们的成长。

再倾听一遍爱默生的名言吧！我们学校的很多学生，即使不是所有，都能自信又坚定地说出来，但对一般的特殊教育学生来说却不尽然，"我们身后的力量远比眼前的困难强大。"思维地图这种通用可视化工具语言，就在我们手边，就在我们身后，是我们进行有意识地教学、学习和评价的工具，让我们赋予孩子独立思考的能力，也许最重要的是，余生他们都会视自己为随机应变的思考者和出色的学习者。

参考文献及延伸阅读

- Alcock, M. W. (1997). Are your students' brains comfortable in your classroom? *Ohio ASCD Journal 5(2)*,11–14.
- Alper, L., & Hyerle, D. (2006). *Thinking Maps: A language for leadership.* Cary, NC: Thinking Maps, Inc.
- Ambrose, S. E. (1996). *Undaunted courage: Meriwether Lewis, Thomas Jefferson, and the opening of the American West.* New York: Simon & Schuster.
- Anderson, L., Krathwolh, D., et al. (Eds.). (2001). *A taxonomy for learning, teaching, and assessing (a revision of Bloom's taxonomy of educational objectives).* New York: Addison Wesley Longman, Inc.
- Armbruster, B., et al. (Eds.). (2001). *Put reading first.* Washington DC: U.S. Department of Education.
- Ausubel, D. P. (1968). *Educational psychology: A cognitive view.* New York: Holt, Rinehart & Winston.
- Ball, M. K. (1999). *The effects of thinking maps on reading scores of traditional and nontraditional college students.* Unpublished doctoral dissertation, University of Southern Mississippi, Hattiesburg.
- Bartunek, J. M., & Moch, M. K. (1987). First-order, second-order, and third-order change and organizational development interventions: A cognitive approach. *Journal of Applied Behavioral Science 2.3*(4),483–500.
- Belkin, L. (1998, August 23). Splice Einstein and Sammy Glick. Add a little Magellan. *New York Times Magazine*, sec. 6, p. 26.
- Bellanca, J. (1990). *The cooperative think tank: Graphic organizers to teach thinking in the cooperative classroom.* Arlington Heights, IL: SkyLight Publishing.
- Bellanca, J. (1991). *Cooperative think tank, I and II.* Arlington Heights, IL: SkyLight Publishing.
- Bolick, T. (2004). *Asperger syndrome and young children: Building skills for the real world.* Gloucester, MA: Fair Winds Press.
- Bolick, T. (2005, October). *Clinical and educational assessment.* Lecture presented at Antioch New England Graduate School, Keene, NH.
- Bromley, K., Irwin-De Vitis, L., & Modlo, M. (1995). *Graphic organizers.* New York: Scholastic.

- Buckner, J. (1999). *Write from the beginning training manual.* Cary, NC: Innovative Sciences, Inc.
- Buzan, T. (1979). *Use both sides of your brain.* New York: G. P. Dutton.
- Buzan, T. (1996). *The mind map book.* New York: Plume/Penguin.
- Caine, R. N., & Caine, G. (1994). *Making connections: Teaching and the human brain.* Menlo Park, CA: Addison-Wesley Pub. Co.
- Capra, F. (1996). *The web of life: A new scientific understanding of living systems.* New York: Anchor Books.
- Chase, M., & Madar, B. (2004). *Kidspiration in the classroom.* Portland, OR: Inspiration Software.
- Clarke, J. H. (1991). *Patterns of thinking.* Needham Heights, MA: Allyn & Bacon.
- *Classroom ideas using inspiration.* (1998). Portland, OR: Inspiration Software, Inc.
- Costa, A. L. (Ed.) (1991a). *Developing minds: A resource book for teaching thinking* (Vols. 1 and 2, rev. ed.). Alexandria, VA: Association for Supervision and Curriculum Development.
- Costa, A. L. (1991b). *The school as a home for the mind.* Palatine, IL: IRI/SkyLight Publishing.
- Costa, A. L., & Garmston, R. (1998). Maturing outcomes. *Encounter: Education for Meaning and Social Justice 11*(1), 11.
- Costa, A. L., & Kallick, B. (Eds.). (1995). *Assessment in the learning organization: Shifting the paradigm.* Alexandria, VA: Association for Supervision and Curriculum Development.
- Costa, A. L., & Kallick, B. (2000). *Activating and engaging habits of mind.* Alexandria, VA: Association for Supervision and Curriculum Development.
- Costa, A. L., & Kallick, B. (Eds.). (2008). *Thinking Maps®: Visual tools for activating habits of mind.* Alexandria, VA: Association for Supervision and Curriculum Development.
- Costa, A. L., & Kallick, B. (In press). *Habits of mind.* Alexandria, VA: Association for Supervision and Curriculum Development.
- Csikszentmihalyi, M. (1991). *Flow.* New York: Harper Perennial.
- DePinto Piercy, T., & Hyerle, D. (2004). Maps for the road to reading comprehension: Bridging reading text structures to writing prompts. In D. Hyerle, S. Curtis, & L. Alper (Eds.), *Student successes with Thinking Maps®* (pp. 63–73). Thousand Oaks, CA: Corwin Press.
- Erickson, L. H. (2002). *Concept-based curriculum and instruction.* Thousand Oaks, CA: Corwin Press.
- Ewy, C. (2002). *Teaching with visual frameworks.* Thousands Oaks, CA: Corwin Press.
- Fanelli, S. (1995). My map book. New York: HarperCollins.
- Fauconnier, G. (1985). *Mental spaces.* Cambridge, MA: MIT Press.
- Fincher, S. (1991). *Creating mandalas.* Boston: Shambhala.
- Freire, P. (1970). *Pedagogy of the oppressed.* New York: Basic Books, Inc.
- Friedman, T. (2005). *The world is flat.* New York: Farrar, Straus and Giroux.

- *From Now On: The Educational Technology Journal.* www.fno.org.
- Gage, N. L. (1974). *Teacher effectiveness and teacher education: The search for a scientific basis.* Palo Alto, CA: Pacific Books.
- Gardner, H. (1983). *Frames of mind: The theory of multiple intelligences.* New York: Basic Books.
- Gardner, H. (1985). *The mind's new science: A history of the cognitive revolution.* New York: Basic Books.
- Gawith, G. (1987). *Information alive!* Auckland, NZ: Longman Paul Limited.
- Gawith, G. (1996). *Learning alive!* Auckland, NZ: Longman Paul Limited.
- Giamatti, A. B. (1980, July). *The American teacher. Harper's*, pp. 28–29.
- Goleman, D. (1985). *Vital lies, simple truths: The psychology of self-deception.* New York: Touchstone.
- Goleman, D. (1995). *Emotional intelligence.* New York: Bantam Books.
- Grandin, T. (1996). *Thinking in pictures: And other reports from my life with autism.* New York: Vintage Books.
- Harvey, S., & Goudvis, A. (2007). *Strategies that work* (2nd ed.). Portland, ME: Stenhouse Publishers.
- Horton, M., with Kohl, J., & Kohl, H. (1990). *The long haul: An autobiography.* New York: Doubleday.
- Hughes, S. (1994). *The webbing way.* Winnipeg, MB: Peguis Publishers Limited.
- Hyerle, D. (1988–1993). *Expand your thinking* (Series: Pre-K–Grade 8). Cary, NC: Innovative Sciences, Inc.
- Hyerle, D. (1990). *Designs for thinking connectively.* Lyme, NH: Designs for Thinking.
- Hyerle, D. (1991). Expand your thinking. In A. L. Costa (Ed.), *Developing minds* (2nd ed., pp. 16–26). Alexandria, VA: Association for Supervision and Curriculum Development.
- Hyerle, D. (1993). *Thinking Maps as tools for multiple modes of understanding.* Unpublished doctoral dissertation, University of California, Berkeley.
- Hyerle, D. (1995). *Thinking Maps: Tools for learning training manual.* Cary, NC: Innovative Sciences, Inc.
- Hyerle, D. (1995/1996). *Thinking Maps: Seeing is understanding.* Educational Leadership, 53(4), 85–89.
- Hyerle, D. (1996). *Visual tools for constructing knowledge.* Alexandria, VA: Association for Supervision and Curriculum Development.
- Hyerle, D. (1999a). *Visual tools and technologies* [Video]. Lyme, NH: Designs for Thinking.
- Hyerle, D. (1999b). *Visual tools video and guide.* Lyme, NH: Designs for Thinking.
- Hyerle, D. (2000a). *A field guide to using visual tools.* Alexandria, VA: Association for Supervision and Curriculum Development.
- Hyerle, D. (2000b). *Thinking Maps training of trainers resource manual.* Raleigh, NC:

Innovative Sciences, Inc.
- Hyerle, D. (2000c). Thinking Maps: Visual tools for activating habits of mind. In A. L. Costa & B. Kallick (Eds.), *Activating and engaging habits of mind* (pp. 46–58). Alexandria, VA: Association for Supervision and Curriculum Development.
- Hyerle, D. (Presenter). (2000d). *Visual tools: From graphic organizers to Thinking Maps* [Video] (elementary and secondary eds.). Sandy, UT: Video Journal of Education.
- Hyerle, D. (2007). *Thinking Maps software* (Rev. ed.). Cary, NC: Thinking Maps, Inc. (Originally published 1999.)
- Hyerle, D. (In press). Thinking Maps®: A language of cognition for facilitating habits of mind. In A. Costa & B. Kallick (Eds.), *Habits of mind*. Alexandria, VA: Association for Supervision and Curriculum Development.
- Hyerle, D., Curtis, S., & Alper, L. (Eds.). (2004). *Student successes with Thinking Maps: School-based research, results and models for achievement using visual tools*. Thousand Oaks, CA: Corwin Press.
- Hyerle, D., & Yeager, C. (2007). *Thinking Maps: A language for learning training guide*. Raleigh, NC: Thinking Map, Inc.
- Israel, L. (1991). *Brain power for kids*. Miami: Brain Power for Kids, Inc.
- Jacobs, H. H. (1997). *Mapping the big picture: Integrating curriculum and assessment K–12*. Alexandria, VA: Association for Supervision and Curriculum Development.
- Jago, C. (1995, December 27). *Like drivers, schoolchildren require a clearly marked road map*. Los Angeles Times.
- Jensen, E. (1998). *Teaching with the brain in mind*. Alexandria, VA: Association for Supervision and Curriculum Development.
- Jones, B.F., Pierce, J., & Hunter, B. (1989). *Teaching students to construct graphic representations*. Educational Leadership, 46(4), 21–24.
- Jung, C. G. (1973). *Mandala symbolism*. Princeton, NJ: Princeton University Press.
- Kozol, J. (1991). *Savage inequalities*. New York: Crown Publishers.
- Kozol, J. (2005). *The shame of the nation*. New York: Crown Publishers.
- Lakoff, G. (1987). *Women, fire, and dangerous things*. Chicago: University of Chicago Press.
- Lakoff, G., & Johnson, M. (1980). *Metaphors we live by*. Chicago: University of Chicago Press.
- Lakoff, G., & Johnson, M. (1999). *Philosophy in the flesh*. New York: Basic Books.
- Lao-tzu. (1986). *The Tao of power: A translation of the Tao to thing by Lao Tzu* (R. L. Wing, Trans.). Garden City, NY: Doubleday.
- Levine, M. (2003). *The myth of laziness*. New York: Simon & Schuster.
- Lowery, L. (1991). The biological basis for thinking. In A. L. Costa (Ed.), *Developing minds: A resource book for teaching thinking* (Rev. ed., Vol. 1, pp. 108–117). Alexandria, VA: Association or Supervision and Curriculum Development.

- Mahiri, J. (Ed.). (2003). *What they don't learn in school: Literacy in the lives of urban youth.* New York: Peter Lang Publishing Group.
- Margulies, N. (1991). *Mapping inner space.* Tucson, AZ: Zephyr Press.
- Margulies, N., & Valenza, C. (2005). *Visual thinking.* Bethel, CT: Crown House Publishing. Marzano, R. J., Norford, J. S., Paynter, D. E., Pickering, D. J., & Gaddy, B. B. (2001). *A handbook for classroom instruction that works.* Alexandria, VA: Association for Supervision and Curriculum Development.
- Marzano, R. J., & Pickering, D. (2005). *Building academic vocabulary: Teacher's manual. Alexandria*, VA: Association for Supervision and Curriculum Development.
- Marzano, R. J., Pickering, D. J., & Pollock, J. E. (2001). *Classroom instruction that works: Research-based strategies for increasing student achievement.* Alexandria, VA: Association for Supervision and Curriculum Development.
- Marzano, R. J., et al. (1997). *Dimensions of learning teachers' manua*l (2nd ed.). Alexandria, VA: Association for Supervision and Curriculum Development.
- McTighe, J., & Lyman, F. T., Jr. (1988). Cueing thinking in the classroom: The promise of theory embedded tools. *Educational Leadership* 45(7), 18–24.
- Meier, D. (1995). *The power of their ideas: Lessons for America from a small school in Harlem.* Boston: Beacon Press.
- Miller, G. A. (1955). The magical number seven, plus or minus two: Some limits on our capacity for processing information. *Psychological Review*, 63, 81–97.
- Novak, J. D. (1998). *Learning, creating, and using knowledge: Concept maps as facilitative tools in schools and corporations.* Mahwah, NJ: Lawrence Erlbaum Associates.
- Novak, J. D., & Gowin, D. B. (1984). *Learning how to learn.* New York: Cambridge University Press.
- Ogle, D. (1988–1989). Implementing strategic teaching. *Educational Leadership*, 46, 57–60.
- Parks, S., & Black, H. (1992). *Organizing thinking, Book I.* Pacific Grove, CA: Critical Thinking Press and Software.
- Quaden, R., & Ticotsky, A., with Lyneis, D. (2007). *The shape of change: Stocks and flows.* Acton, MA:Creative Learning Exchange. (Originally published May 2004.)
- Quinlan, S. E. (1995). *The case of the mummified pigs and other mysteries in nature.* Honesdale, PA: Boyd's Mills, Press.
- Richmond, B., Peterson, S., & Vescuso, P. (1998). *STELLA.* Hanover, NH: High Performance Systems.
- Rico, G. L. (1983). *Writing the natural way.* Los Angeles: J. P. Tarcher, Inc.
- Robinson, A. H. (1982). *Early thematic mapping in the history of cartography.* Chicago: University of Chicago Press.
- Roth, W.-M. (1994). Student views of collaborative concept mapping: An emancipatory research project. *Science and Education*, 78(1), 1–34.

- Rowe, M. B. (1974). Wait time and rewards as instructional variables: Their influence on language, logic and fate control. *Journal of Research in Science Teaching*, 11, 81–94.
- Secretary's Commission on Achieving Necessary Skills. (1991). *What work requires of schools: A SCANS report for America 2000*. Washington DC: U.S. Department of Labor.
- Senge, P. M. (1990). *The fifth discipline*. New York: Currency Doubleday.
- Senge, P. M., Kleiner, A., Roberts, C., Ross, R., & Smith, B. (1994). *The fifth discipline fieldbook: Strategies and tools for building a learning organization*. New York: Doubleday.
- Shah, I. (1972). *Reflections*. Baltimore: Penguin Books.
- Shenk, D. (1997). *Data smog*. New York: HarperCollins.
- Sinatra, R., & Pizzo, J. (1992, October). Mapping the road to reading comprehension. *Teaching K–8 Magazine*.
- Snyder, G. (1990). *The practice of the wild: Essays*. San Francisco: North Point Press.
- Standing, L. (1973). *Quarterly Journal of Experimental Psychology*, 25, 207–222.
- Stewart, D., Prebble, T., & Duncan, P. (1997). *The reflective principal*. Katonah, NY: Richard C. Owen Publisher.
- Sylwester, R. (1995). *A celebration of neurons: An educator's guide to the human brain*. Alexandria, VA: Association for Supervision and Curriculum Development.
- Teachers' Curriculum Institute. (1994). *History alive? Interactive student notebook*. Mountain View, CA: Teachers' Curriculum Institute.
- Upton, A. (1960). *Design for thinking*. Palo Alto, CA: Pacific Books.
- Vygotsky, L. S. (1986). *Thought and language*. Cambridge, MA: MIT Press. (Originally published 1936.)
- Wandersee, J. H. (1990). Concept mapping and the cartography of cognition. *Journal of Research in Science Teaching*, 27(10), 923–936.
- Wiggins, G., & McTighe, J. (1998). *Understanding by design*. Alexandria, VA: Association for Supervision and Curriculum Development.
- Wolfe, P. (2004). Foreword. In D. Hyerle, S. Curtis, & L. Alper (Eds.), *Student successes with Thinking Maps®*. Thousand Oaks, CA: Corwin Press.
- Wolfe, P. (2006). *Video interview introducing Thinking Maps®*. Raleigh, NC: Thinking Maps, Inc.
- Wolfe, P., & Nevills, P. (2004). *Building the reading brain, preK-3*. Thousand Oaks, CA: Corwin Press.
- Wolfe, P., & Sorgen, M. (1990). *Mind, memory, and learning*. Napa, CA: Authors.
- Wycoff, J., with Richardson, T. (1991). *Transformational thinking: Tools and techniques that open the door to powerful new thinking for every member of your organization*. New York: Berkley Books.
- Zimmerman, D. P. (1998). *The role of reflexivity in the orders of change: The unraveling of the theories about second order change*. Unpublished doctoral dissertation. The Field Institute, Santa Barbara, California.